ORDER-DISORDER IN HEXAGONAL LATTICES

N.V. VAN DE GARDE & CO'S DRUKKERIJ, ZALTBOMMEL

ORDER-DISORDER IN HEXAGONAL LATTICES

PROEFSCHRIFT TER VERKRIJGING VAN DE GRAAD VAN DOCTOR IN DE WIS- EN NATUURKUNDE AAN DE RIJKSUNIVERSITEIT TE LEIDEN, OP GEZAG VAN DE RECTOR MAGNIFICUS DR B. A. VAN GRONINGEN, HOOGLERAAR IN DE FACULTEIT DER LETTEREN EN WIJSBEGEERTE, TEGEN DE BEDENKINGEN VAN DE FACULTEIT DER WIS- EN NATUURKUNDE TE VERDEDIGEN OP WOENSDAG 5 JULI 1950, TE 16 UUR

DOOR

RAYMOND MARIE FERDINAND HOUTAPPEL

GEBOREN TE MAASTRICHT

SPRINGER-SCIENCE+BUSINESS MEDIA, B.V. 1950

ISBN 978-94-017-5717-1 ISBN 978-94-017-6061-4 (eBook)
DOI 10.1007/978-94-017-6061-4

Promotor: Prof. Dr H. A. KRAMERS

AAN MIJN VROUW

CONTENTS

VOORWOORD XI
    Literatuur XVI

ORDER-DISORDER IN HEXAGONAL LATTICES

    Synopsis. 1
1. Introduction 1
2. The eigenvalue problem related to the triangular lattice . 2
3. The eigenvalue problem related to the honeycomb lattice 6
4. Dual relation between $\lambda_\mathfrak{T}$ and $\lambda_\mathfrak{H}$. 7
5. Star-triangle relation between $\lambda_\mathfrak{H}$ and $\lambda_\mathfrak{T}$ 8
6. Conclusions drawn from the dual and star-triangle relations with respect to the form of the functions $\lambda_\mathfrak{T}(K_1, K_2, K_3)$ and $\lambda_\mathfrak{H}(K_1, K_2, K_3)$ 10
7. The development of φ, χ and ξ in power series. 14
8. Introduction of rotations in $4n$-dimensional space 15
9. Explicit representation of V_0^+ and V_0^- as rotations 17
10. Diagonalization of $\frac{1}{2}(1 + U)V_{\mathfrak{T},2n}$ 18
11. Computation of $\lambda_\mathfrak{T}$ and of $\lambda_\mathfrak{H}$. 21
12. Transition temperature. 25
13. Thermodynamic properties of large isotropic triangular and honeycomb lattices 27
14. Acknowledgments. 30
    References 31

VOORWOORD

In de theoretische natuurkunde bestaan enige problemen, die ondanks onze voldoende kennis van de atomaire wetten, die daarbij een rol spelen, vanwege mathematische moeilijkheden tot nu toe niet opgelost konden worden. Hiertoe behoort het thermo-dynamisch gedrag van sommige systemen, bestaande uit vele deeltjes, waarbij een phase-overgang van de tweede soort optreedt. In de ene phase heerst een bepaald soort orde, die in de andere phase in het geheel niet aanwezig is. Als voorbeeld haal ik aan de suprageleidbaarheid, de suprafluiditeit van helium, het ferromagnetisme en de vorming van superroosters in binaire mengkristallen.

Bij de eerste twee problemen zoekt men nog naar een geschikte veridealisering (model) van het systeem, die het probleem in een eenvoudige mathematische gedaante moet brengen, in de hoop dat er zo een bestaat. Bij de laatste twee meent men deze veridealisering al gevonden te hebben.

Naar alle waarschijnlijkheid hebben alle vier genoemde voorbeelden dit met elkaar gemeen, dat voor geen van hen twee verschillende modellen bestaan, ieder geschikt voor de beschrijving van één der phasen, waartussen de overgang plaats vindt, met uitsluiting van de andere. Voor die overgangen, waarbij wèl twee van dergelijke modellen bestaan, zoals bij omkristallisatie, sublimatie, enz., kan de statistiek zowel van het ene model als van het andere, desnoods met behulp van een benaderingsmethode, afzonderlijk behandeld worden. Het overgangspunt (of de overgangskromme) wordt in dat geval verkregen door te eisen, dat daarvoor de vrije energie van beide phasen gelijk moet zijn. In het algemeen hebben we dan met een phase-overgang van de eerste soort te maken. Er treden bij dergelijke phase-overgangen geen bijzondere moeilijkheden op voor de beschrijving van het gedrag van een der beide phasen in de buurt van de overgang, omdat in het algemeen in geen der beide phasen daar enige discontinuïteit optreedt.

Hoogstwaarschijnlijk zal in een geschikt model voor de suprageleidende of suprafluide phase de mogelijkheid van een (geleidelijke) overgang naar de niet-suprageleidende resp. niet-suprafluide phase vanzelf aanwezig zijn, ofschoon het omgekeerde niet nodig is. Bijvoorbeeld in een model van de suprageleidende toestand, voorgesteld door H e i s e n b e r g [1] *), is een klein gedeelte van de vrije metaal-electronen gecondenseerd in een wijdmazig electronenrooster, dat met eenparige snelheid beweegt ten opzichte van het ionenrooster. In dit model komen echter ook de niet-gecondenseerde vrije electronen als essentieel bestanddeel voor; bij de overgangstemperatuur gaat de laatste rest aan gecondenseerde electronen in de gewone niet-gecondenseerde toestand over. De overgang zelf wordt dus met behulp van dit model beschreven. Iets dergelijks kan gezegd worden van de twee vloeistoffen-theorie van Helium II (L o n d o n [2]), T i s z a [3]), L a n d a u [4]), G o r t e r [5])).

Noch van een ferromagneet noch van een binair mengkristal kan men het gedrag in de buurt van de overgangstemperatuur adequaat beschrijven met behulp van twee verschillende modellen voor de geordende en de ongeordende phase. Een voor lage en hoge temperaturen universeel toepasselijk model moet de beschrijving van beide phasen en van de overgang daartussen mogelijk maken. De overgang van de ene in de andere phase zal zich door een discontinuiteit in sommige physische eigenschappen van dit model kenbaar maken. Het is dan ook niet te verwonderen, dat in de statistiek van beide problemen de benaderingsmethoden, die deugdelijk zijn voor lage temperaturen, evenals degenen die deugdelijk zijn voor hoge temperaturen, juist in de buurt van de overgangstemperatuur slecht convergeren. Een strenge oplossing van het mathematische probleem, de berekening van de betreffende toestandsom, blijkt hier beslist noodzakelijk om het gedrag in de buurt van de overgangstemperatuur met redelijke nauwkeurigheid te kunnen beschrijven. En vanwege de bij de overgang optredende discontinuiteit kan men verwachten, dat dit vraagstuk verre van eenvoudig is.

W e i s z [6]) heeft er in 1907 al op gewezen dat het optreden van een spontane magnetisatie in de gewone ferromagnetische materialen veroorzaakt wordt door een wisselwerking tussen de atomen, die niet van magnetischen aard is. H e i s e n b e r g [7]) heeft later in

---

*) Voor de literatuur, waarnaar in dit voorwoord verwezen wordt, raadplege men bladzijde XVI.

STELLINGEN

I

Op eenvoudige wijze kan ingezien worden, dat de rotatie $\mathfrak{R}$, voorkomende in dit proefschrift, steeds een eigenlijke rotatie is.

II

Zowel voor twee-dimensionale triangulaire als voor twee-dimensionale honingraatroosters met I s i n g-wisselwerking tussen naaste buren kan men de vrije energie van een grenslijn tussen twee tegengesteld geordende gebieden, uitgaande van de resultaten in paragraaf 11 van dit proefschrift, vrijwel direct berekenen.

III

Het bewijs van T e m p e r l e y, dat in zekere twee- en drie-dimensionale roosters met I s i n g-wisselwerking tussen naaste buren geen spontane magnetisatie zou kunnen optreden, is onjuist. Men kan van twee- en drie-dimensionale roosters met positieve I s i n g-wisselwerking tussen naaste buren uiterst aannemelijk maken, dat zij allen bij lage temperaturen spontane magnetisatie vertonen.

T e m p e r l e y, H. N. V., Proc. Cambr. phil. Soc. **40** (1944) 239–250.

IV

De wijze, waarop Mej. v a n L e e u w e n zich voorstelt de theorie van de vermindering van de ferromagnetische permeabiliteit met toenemende frequentie in overeenstemming te brengen met lineaire afmetingen van de W e i s z'se gebiedjes van de grootte-orde 10^{-3} cm., leidt niet tot het beoogde doel.

L e e u w e n, H. J. v a n, Physica **11** (1944) 35–42.

V

Men kan ernstige bezwaren aanvoeren tegen de wijze waarop Heisenberg in het kader van zijn theorie de potentiële en kinetische energie van de suprageleidende toestand berekent.

Heisenberg, W., Z. Naturforsch. **2a** (1947) 185–201.

VI

De wijze, waarop Heisenberg de warmte-geleiding van een metaal in de suprageleidende toestand berekent in het kader van zijn theorie, is zeer aanvechtbaar.

Heisenberg, W., Z. Naturforsch. **3a** (1948) 65–75.

VII

De interpretatie van de grootheid x, welke Gorter in zijn theorie der suprageleiding invoert als de fractie van het aantal geleidingselectronen, die niet suprageleidend is, is van phaenomenologisch standpunt gezien niet ter zake doende. De resultaten van Heisenberg en Koppe doen vermoeden, dat zij onjuist is.

Gorter, C. J., Physica **15** (1949) 57 en 58.
Koppe, H., Ann. Physik (6) **1** (1947) 405–414.

VIII

Als steun voor Heisenberg's theorie van de suprageleiding kan men aanvoeren, dat in haar een paradox van Casimir niet optreedt.

Casimir, H. B. G., Ned. T. Natuurk. **8** (1941) 118, 119 en 120.

IX

Er zijn grote en principiële bezwaren aan te voeren tegen het berekenen van de invloeden van de wisselwerking der geleidingselectronen in een metaal met behulp van de storingstheorie van Schrödinger. Een voorbeeld hiervan is de berekening van de soortelijke warmte der geleidingselectronen door Koppe. Door een rekenfout blijkt dit niet uit zijn resultaten.

Koppe, H., Z. Naturforsch. **2a** (1947) 429–432.

X

De drie voorbeelden, waarmee v a n M e l s e n het bestaan van zekere oordelen tracht te staven, hebben geen bewijskracht.

M e l s e n, Dr. A. G. M. v a n, Natuurwetenschap en Wijsbegeerte, Het Spectrum, Utrecht (1946) 65–68.

XI

De levensverschijnselen en de physicochemische eigenschappen van een cel vertonen hoogstwaarschijnlijk een dualiteit analoog aan die van het deeltjes- en golfaspect der materie.

XII

Het is ten zeerste gewenst dat de bestudering van verschillende problemen, die zich voordoen in de biologie, mede door natuurkundigen ter hand worden genomen.

XIII

Bij het voortgezette wiskundeonderwijs van de uitgebreide cursus aan de Technische Hoogeschool te Delft dient meer aandacht te worden besteed aan het leren gebruiken van tabellen en standaardwerken.

1928 deze wisselwerking toegeschreven aan de zogenaamde plaatsruil-(Austausch-)krachten. Deze worden, tengevolge van het pauliprincipe, veroorzaakt door de coulombwisselwerking tussen electronen met ongepaarde spin, in twee naburige atomen. Zij zijn veel groter dan de magnetische dipool-dipool krachten, maar bestaan practisch alleen tussen aan elkaar grenzende atomen. Voor het eenvoudigste geval, waarin van elk atoom maar één electron met ongepaarde spin een rol speelt, kan men de plaatsruil-krachten formeel beschrijven door aan elk atoom, i, een spinor toe te voegen, waarop de paulimatrices, σ_{x_i}, σ_{y_i} en σ_{z_i}, werken, die, op een factor na, de componenten van het magnetisch moment van dit atoom voorstellen. Als de plaatsruil-integraal tussen de naburige atomen, i en k, J_{ik} bedraagt, is de wisselwerkingsenergie tussen deze atomen, op een hier niet ter zake doende constante na,

$$- J_{ik}(\sigma_{x_i}\sigma_{x_k} + \sigma_{y_i}\sigma_{y_k} + \sigma_{z_i}\sigma_{z_k}).$$

Al naar gelang J_{ik} positief of negatief is, zullen de magnetische momenten van de atomen i en k, ten gevolge van deze zogenaamde H e i s e n b e r g -wisselwerking, de neiging vertonen aan elkaar gelijk of tegengesteld gericht te gaan staan.

Er zijn nog andere wisselwerkingen denkbaar tussen de atomen i en k, die, afhankelijk van het teken van de daarin optredende parameter, een van deze beide neigingen veroorzaken, en die misschien in speciale gevallen in de natuur gerealiseerd zijn (zie o.a. K r a m e r s [8])). De meest eenvoudige hiervan is de zogenaamde I s i n g-wisselwerking, zo genoemd, omdat I s i n g [9]) reeds in 1925 bij zijn beschouwing over de theorie van de ferromagnetica de consequenties van deze wisselwerking voor een lineaire keten van atomen nagegaan heeft. Zij is veel simpeler en aanschouwelijker dan de H e i s e n b e r g-wisselwerking, uit welke zij formeel verkregen kan worden door de niet-diagonaal elementen, d.w.z. $\sigma_{x_i}\sigma_{x_k} + \sigma_{y_i}\sigma_{y_k}$, weg te laten. De I s i n g -wisselwerking veroorzaakt een nog sterkere neiging tot lange afstand-orde (spontane magnetisatie voor positieve J_{ik}'s) dan de H e i s e n b e r g-wisselwerking. In beide gevallen wordt de wisselwerkingsenergie van atoom i met een homogeen uitwendig magneetveld van sterkte H in de positieve z-richting gegeven door $- mH\sigma_{z_i}$, waarbij m het B o h r-magneton voorstelt.

Ook bij de bestudering van de verschijnselen van orde en war in binaire mengkristallen heeft men te maken met een wisselwerking tussen naburige atomen. Zijn deze atomen op de roosterplaatsen i en k gelegen, dan bedraagt hun wisselwerkingsenergie $\varepsilon_{ik,AA}$, $\varepsilon_{ik,BB}$ of $\varepsilon_{ik,AB}$ al naar gelang beide tot atoomsoort A, beide tot atoomsoort B of de een tot soort A en de andere tot soort B behoort. We kunnen deze grootheden in eerste benadering gelijk nul stellen voor alle paren van niet aan elkaar grenzende atoomplaatsen i en k. Al naar gelang voor aan elkaar grenzende atoomplaatsen $\varepsilon_{ik,AB} - \frac{1}{2}(\varepsilon_{ik,AA} + \varepsilon_{ik,BB})$ positief of negatief is, treedt in een dergelijk binair mengkristal bij lage temperaturen uitscheiding of de vorming van een superrooster op.

Er bestaat aequivalentie tussen de statistiek van een grand ensemble, dat het gedrag van een mengkristal beschrijft, en die van een ensemble, dat een rooster van hetzelfde type, bezet met magnetische atomen, waartussen Ising-wisselwerking bestaat, in een uitwendig magneetveld, beschrijft. Hierbij is

$$2J_{ik} = \varepsilon_{ik,AB} - \tfrac{1}{2}(\varepsilon_{ik,AA} + \varepsilon_{ik,BB})$$

en is het magneetveld analoog aan de parameter waarmee men het grand ensemble met een bepaalde gemiddelde concentratieverhouding kan uitkiezen (Rusbrooke [10]) heeft deze bekende aequivalentie nog eens duidelijk naar voren gebracht). Voor het geval van gelijke concentraties van de componenten in het binair mengkristal en $\varepsilon_{ik,AB} - \tfrac{1}{2}(\varepsilon_{ik,AA} + \varepsilon_{ik,BB}) < 0$ moet men $H = 0$ kiezen.

Het is tot nu toe niet gelukt de statistica van enig drie-dimensionaal rooster hetzij met Heisenberg-wisselwerking, hetzij met Ising-wisselwerking, streng te behandelen. Wel kan betrekkelijk gemakkelijk voor hoge zowel als voor lage temperaturen een benaderend gedrag gevonden worden. Maar juist voor het interessante gebied in de buurt van de overgangstemperatuur is een strenge berekening van de toestandssommen noodzakelijk. Deze is tot nu toe, zelfs voor het geval $H = 0$ gekozen wordt, te lastig gebleken. De statistica van een lineaire keten met Heisenberg-wisselwerking is exact behandeld door Bethe [11]) en die van een lineaire keten met Ising-wisselwerking door Ising [9]). Bij geen van beide is sprake van een overgangstemperatuur. Dit was ook te verwachten, omdat men uit algemene overwegingen kan inzien dat een korte afstand-wisselwerking slechts dan eventueel aanleiding kan geven tot een lange afstand-orde in een oneindig uitgebreid rooster, als twee willekeurige atomen van het systeem op een oneindig aantal wijzen door ketens van met elkaar in wisselwerking staande atomen verbonden zijn. Wat de twee-dimensionale roosters betreft heeft B l o c h [12]) kunnen bewijzen dat geen van dezulken met H e i s e n- b e r g-wisselwerking tussen naburige atomen een overgangstemperatuur vertonen. Men kan echter aannemelijk maken dat alle twee-dimensionale roosters met I s i n g-wisselwerking wel zulk een over gangstemperatuur bezitten. Hierom en vanwege de eenvoudigere vorm van de I s i n g-wisselwerking hebben de physici hun belangstelling juist op twee-dimensionale I s i n g-roosters geconcentreerd.

Het was een ware triomph, toen het O n s a g e r [13]) in 1943 gelukte de toestandsom van een oneindig uitgebreid rechthoekig tweedimensionaal rooster met I s i n g-wisselwerking tussen naaste buren exact uit te rekenen, zij het ook alléén voor het geval $H = 0$. K r a m e r s en W a n n i e r [14]) hadden voordien, reeds in 1941, de overgangstemperatuur van een quadratisch rooster gelocaliseerd. Omdat de wiskunde, die O n s a g e r gebruikte erg ingewikkeld was, was het ook van groot belang dat K a u f m a n [15]) in 1949 een veel eenvoudigere methode aangaf om de zelfde toestandsom uit te rekenen. Deze laatste methode was tevens veel gemakkelijker toe te passen voor het berekenen van de toestandsom van eindige rechthoekige roosters dan die van O n s a g e r.

Het hoofddoel van dit proefschrift zal zijn te laten zien dat de methode van K a u f m a n [15]) althans ook nog gebruikt kan worden voor de berekening van de toestandsommen van hexagonale roosters met I s i n g-wisselwerking en $H = 0$. Ik zal echter de theorie van deze methode op een iets andere wijze, dan K a u f m a n dat deed, geven en wel zó, dat er geen abstracte groepentheorie bij gebruikt wordt. Voor een oplettend lezer zal het dan meteen ook duidelijk zijn dat de toestandsommen van nog vele andere denkbare twee-dimensionale roosters met behulp van deze methode berekend kunnen worden. Dit lukt echter niet bij roosters waarvan de verbindingslijnen van twee paren met elkaar in wisselwerking staande atomen elkaar snijden, zoals dit het geval is bij quadratische roosters waarin niet alleen naaste buren, maar ook op één na naaste buren met elkaar in wisselwerking staan.

In dit proefschrift worden ook invariantie-eigenschappen van toestandsommen van hexagonale roosters afgeleid analoog aan degene die bij rechthoekige roosters optreden. Deze konden afgeleid worden zonder gebruik te maken van de exacte berekening van deze toestandsommen. Voor quadratische roosters was een dergelijke invariantie-eigenschap al gegeven door K r a m e r s en W a n n i e r [14]) en voor isotrope hexagonale roosters door W a n n i e r [16]). Het is tot nu toe niet gelukt analoge eigenschappen voor andere roosters te vinden.

LITERATUUR

1) H e i s e n b e r g, W., Z. Naturforschung **2**a (1947) 185–201 and **3**a (1948) 65–75; K o p p e, H., Ann. Physik (6) **1** (1947) 405–414; Z. Naturforschung **3**a (1948) 1–5.
2) L o n d o n, F., Nature, Londen **141** (1938) 643–644; Phys. Rev. **54** (1938) 947–954; J. phys. Chem. **43** (1939) 49–69; Phys. Soc. Cambridge Conference Report (1947) Vol. **2** Low Temperatures 1–18.
3) T i s z a, L., J. Phys. Radium (8) **1** (1940) 164–172 and 350–358; Phys. Rev. (2) **72** (1947) 838–854.
4) L a n d a u, L. D., Journ. Phys., Moskou **5** (1941) 71.
5) G o r t e r, C. J., Physica, Den Haag **15** (1949) 523–531.
6) W e i s z, P., J. P h y s. **6** (1907) 661–690.
7) H e i s e n b e r g, W., Z. Phys. **49** (1928) 619–636.
8) K r a m e r s, H. A., C. R. du Congrès de Strassbourg sur le Magnétisme, 21–25 Mei 1939, Collection Scientifique, Institut int. de Coop. intell., Paris (1940).
9) I s i n g, E., Z. Phys. **31** (1925) 253–258.
10) R u s h b r o o k e, G. S., Nuovo Cimento (9) **6** suppl. (1949) 105–117.
11) B e t h e, H., Z. Phys. **71** (1931) 205–226.
12) B l o c h, F., Z. Phys. **61** (1930) 206–219.
13) O n s a g e r, L., Phys. Rev. **65** (1944) 117–149.
14) K r a m e r s, H. A., and W a n n i e r, G. H., **60** (1941) 252–262 and 263–276.
15) K a u f m a n, B., Phys. Rev. **76** (1949) 1232–1243.
16) W a n n i e r, G. H., Rev. mod. Phys. **17** (1945) 50–60.

ORDER-DISORDER IN HEXAGONAL LATTICES

Synopsis

Some relations for the partition functions of two-dimensional infinite triangular and honeycomb lattices with Ising interaction between neighbours without magnetic field are given in the general case of different interactions in the three directions. Exact evaluation of these partition functions is obtained with the aid of the method of Bruria Kaufman. The theory of this method is simplified by avoiding the use of abstract group-properties. Some thermodynamic properties of the isotropic hexagonal lattices are given. These are compared with the corresponding properties of the quadratic lattice.

All honeycomb and nearly all triangular lattices have a transition temperature. At this temperature the energy is continuous and the specific heat becomes infinite as $-\ln|T-T_c|$, as in the rectangular case, solved by Onsager and Kaufman. There are exceptional triangular lattices without transition temperature: for example those with equal negative interactions.

1. *Introduction.* Kramers and Wannier[1]) showed, that the computation of the partition function of a crystal-lattice with Ising interaction can be reduced to an eigenvalue problem. This problem, in case of the two-dimensional rectangular lattice with interaction between neighbours only, has been solved first by Onsager[2]) and afterwards in a shorter way by Kaufman[3]).

In this article [4]) we will consider the partition functions of the two-dimensional triangular and honeycomb lattices with Ising interaction between nearest neighbours only. We will consider the general case of different interaction energies, J_1, J_2 and J_3, of various magnitudes and signs in the three directions. If we indicate the state of each atom i by its spinvariable $\mu_i = \pm 1$, the energy of a microscopic state of both lattices will be

$$E = -J_1 \Sigma_{(ik)_1} \mu_i \mu_k - J_2 \Sigma_{(il)_2} \mu_i \mu_l - J_3 \Sigma_{(im)_3} \mu_i \mu_m \qquad (1)$$

$(ik)_s$ indicating that the sum is to be taken over pairs of neighbours with mutual interaction energy J_s.

In sections 2 and 3 we set up the eigenvalue problems related to the triangular and honeycomb lattices. In sections 4 and 5 we derive two different relations between the partition functions of the two types of lattices. In section 6 we use these relations to derive properties of invariance with respect to typical substitutions, both for the partition functions of the triangular and of the honeycomb lattices. These properties are used in section 7 to construct series expansions valid both at high and at low temperatures.

The main subject of this article is the exact evaluation of the partition functions. This is carried out in sections 8 to 11 independently of the considerations in sections 5, 6 and 7. Although we follow essentially the method of B r u r i a K a u f m a n [3]), we present it in a somewhat different fashion, simplifying the theory by neither referring to, nor using, abstract group-properties.

In section 12 we examen the transition temperature. In the last section, 13, some thermodynamic properties of isotropic triangular and honeycomb lattices are discussed and compared with the corresponding properties of a quadratic I s i n g lattice.

2. *The eigenvalue problem related to the triangular lattice.* We denote each atom in the strip of triangular lattice in fig. 1 by two indices, the first referring to the row and the second to the column in which it is situated. We transform this strip to a cylinder so that each atom k, l will be identical with $k, l + 2n$ and then this cylinder to a torus so that each atom k, l will be identical with $m + k, l$. The partition function of this torus-shaped two-dimensional triangular lattice of $2nm$ atoms with interaction energies J_1, J_2 and J_3, as indicated in fig. 1,

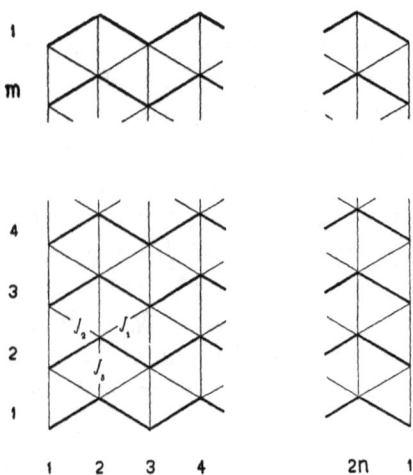

Fig. 1. Triangular lattice. How rows (thick zigzag lines) and columns are counted.

will be:

$$Z_{\mathfrak{T},2n,m} = \sum_{\mu_{k,l}=\pm 1} [\Pi_{i=1}^m \exp[\Sigma_{j=1}^n (K_1 \mu_{i,2j-1}\mu_{i,2j} + K_2 \mu_{i,2j}\mu_{i,2j+1} +$$
$$+ K_3 \mu_{i,2j-1}\mu_{i+1,2j-1} + K_2 \mu_{i+1,2j-1}\mu_{i+1,2j} + K_1 \mu_{i,2j}\mu_{i+1,2j+1} +$$
$$+ K_3 \mu_{i,2j}\mu_{i+1,2j})]]$$

with $\quad K_i = J_i/kT, \quad i = 1, 2, 3.$ (2)

We see that:

$$Z_{\mathfrak{T},2n,m} = \Sigma_{\mu_{k,l}=\pm 1} \boldsymbol{V}_{\mathfrak{T},2n}(\mu_{1,1}, \mu_{1,2}, \ldots, \mu_{1,2n}; \mu_{2,1}, \mu_{2,2}, \ldots, \mu_{2,2n}) \cdot$$
$$\cdot \boldsymbol{V}_{\mathfrak{T},2n}(\mu_{2,1}, \mu_{2,2}, \ldots, \mu_{2,2n}; \mu_{3,1}, \mu_{3,2}, \ldots, \mu_{3,2n}) \cdots$$
$$\cdots \boldsymbol{V}_{\mathfrak{T},2n}(\mu_{m,1}, \mu_{m,2}, \ldots, \mu_{m,2n}; \mu_{1,1}, \mu_{1,2}, \ldots, \mu_{1,2n}) =$$
$$= \text{Trace } \boldsymbol{V}_{\mathfrak{T},2n}^m = \Sigma_{i=1}^{2^{2n}} \lambda_i^m. \quad (3)$$

In (3) $\boldsymbol{V}_{\mathfrak{T},2n}$ *) is a 2^{2n}-dimensional matrix, whose element in the row, denoted by the set $\mu_1, \mu_2, \ldots, \mu_{2n}$ ($\mu_k = \pm 1$), and in the column, denoted by the set $\mu'_1, \mu'_2, \ldots, \mu'_{2n}$ ($\mu'_k = \pm 1$), has the value:

$$\boldsymbol{V}_{\mathfrak{T},2n}(\mu_1, \mu_2, \ldots, \mu_{2n}; \mu'_1, \mu'_2, \ldots, \mu'_{2n}) = \exp[\Sigma_{j=1}^n (K_1 \mu_{2j-1}\mu_{2j} +$$
$$+ K_2 \mu_{2j}\mu_{2j+1} + K_3 \mu_{2j-1}\mu'_{2j-1} + K_2 \mu'_{2j-1}\mu_{2j} + K_1 \mu_{2j}\mu'_{2j+1} + K_3 \mu_{2j}\mu'_{2j})] \quad (4)$$
$$(\mu_{2n+1} = \mu_1; \mu'_{2n+1} = \mu'_1).$$

$\lambda_1, \lambda_2, \ldots$ are the 2^{2n} eigenvalues of $\boldsymbol{V}_{\mathfrak{T},2n}$.

Because all elements of $\boldsymbol{V}_{\mathfrak{T},2n}$ are positive, its largest eigenvalue $\lambda_{\mathfrak{T},2n}$ is not degenerate [5]). Therefore the partition function per atom of this lattice for $m \to \infty$ will be:

$$\text{Lim}_{m \to \infty} Z_{\mathfrak{T},2n,m}^{1/2nm} = \lambda_{\mathfrak{T},2n}^{1/2n}$$

One recognizes that (with the notation $\delta(\nu) = 1$, if $\nu = 0$, and $\delta(\nu) = 0$, if $\nu \neq 0$):

$$\boldsymbol{V}_{\mathfrak{T},2n}(\mu_1, \ldots, \mu_{2n}; \mu'_1, \ldots, \mu'_{2n}) =$$
$$= \sum_{\mu''_j, \mu'''_j, \mu^{IV}_j = \pm 1} [\exp[\Sigma_{j=1}^n (K_1 \mu_{2j-1}\mu_{2j} + K_2 \mu_{2j}\mu_{2j+1})] \cdot \Pi_{j=1}^{2n} \delta(\mu_j - \mu^{IV}_j) \cdot$$
$$\cdot \exp[\Sigma_{j=1}^n K_3 \mu^{IV}_{2j-1}\mu'''_{2j-1}] \cdot \Pi_{j=1}^n \delta(\mu^{IV}_{2j} - \mu'''_{2j}) \cdot$$
$$\cdot \exp[\Sigma_{j=1}^n (K_2 \mu'''_{2j-1}\mu'''_{2j} + K_1 \mu'''_{2j}\mu'''_{2j+1})] \cdot \Pi_{j=1}^{2n} \delta(\mu'''_j - \mu''_j) \cdot$$
$$\cdot \exp[\Sigma_{j=1}^n K_3 \mu''_{2j}\mu'_{2j}] \cdot \Pi_{j=1}^n \delta(\mu''_{2j-1} - \mu'_{2j-1})]$$
$$(\mu''_{2n+1} = \mu''_1; \mu'''_{2n+1} = \mu'''_1; \mu^{IV}_{2n+1} = \mu^{IV}_1).$$

---

*) Throughout this article we shall use thick letters to indicate 2^{2n}-dimensional matrices and Gothic letters of ordinary size to indicate the $4n$-dimensional rotations introduced in section 8. The subscripts $\mathfrak{T}, \mathfrak{H}, \mathfrak{R}$ refer to lattice types.

Or $V_{\mathfrak{T},2n} = V_1 V_2' V_3 V_4'$, with:

$V_1 = \exp\left[\sum_{j=1}^{n} (K_1 \mu_{2j-1}\mu_{2j} + K_2 \mu_{2j}\mu_{2j+1})\right] \cdot \prod_{j=1}^{2n} \delta(\mu_j - \mu_j')$,

$V_2' = \exp\left[\sum_{j=1}^{n} K_3 \mu_{2j-1}\mu_{2j-1}'\right] \cdot \prod_{j=1}^{n} \delta(\mu_{2j} - \mu_{2j}')$,

$V_3 = \exp\left[\sum_{j=1}^{n} (K_2 \mu_{2j-1}\mu_{2j} + K_1 \mu_{2j}\mu_{2j+1})\right] \cdot \prod_{j=1}^{2n} \delta(\mu_j - \mu_j')$,

$V_4' = \exp\left[\sum_{j=1}^{n} K_3 \mu_{2j}\mu_{2j}'\right] \cdot \prod_{j=1}^{n} \delta(\mu_{2j-1} - \mu_{2j-1}')$.

It is convenient to interpret these matrices as linear operators, acting on the 2^{2n}-dimensional vectors $\psi(\mu_1, \mu_2, \ldots, \mu_{2n})$ according to:

$\psi'(\mu_1, \ldots, \mu_{2n}) = V \psi(\mu_1, \ldots, \mu_{2n}) =$
$= \Sigma_{\mu_i' = \pm 1} V(\mu_1, \ldots, \mu_{2n}; \mu_1' \ldots \mu_{2n}') \psi(\mu_1', \ldots, \mu_{2n}')$.

So we see, that V_1 and V_3, which are diagonal matrices, can be written in the form:

$V_1 = \exp[K_1(\mathbf{s}_1\mathbf{s}_2 + \mathbf{s}_3\mathbf{s}_4 + \ldots + \mathbf{s}_{2n-1}\mathbf{s}_{2n}) +$
$\qquad + K_2(\mathbf{s}_2\mathbf{s}_3 + \mathbf{s}_4\mathbf{s}_5 + \ldots + \mathbf{s}_{2n}\mathbf{s}_1)]$,

$V_3 = \exp[K_2(\mathbf{s}_1\mathbf{s}_2 + \mathbf{s}_3\mathbf{s}_4 + \ldots + \mathbf{s}_{2n-1}\mathbf{s}_{2n}) +$
$\qquad + K_1(\mathbf{s}_2\mathbf{s}_3 + \mathbf{s}_4\mathbf{s}_5 + \ldots + \mathbf{s}_{2n}\mathbf{s}_1)]$,

where the operators $\mathbf{s}_i$ are defined by

$$\mathbf{s}_i \psi(\mu_1, \ldots, \mu_i, \ldots, \mu_{2n}) = \mu_i \psi(\mu_1, \ldots, \mu_i, \ldots, \mu_{2n}) \qquad (5)$$

V_2' and V_4' are direct products of two-dimensional matrices, $\delta(\mu_i - \mu_i')$ and $\exp(K_3 \mu_i \mu_i')$, which can be considered as operators, each acting on one of the parameters μ_i of the 2^{2n}-dimensional vector $\psi(\mu_1, \mu_2, \ldots, \mu_{2n})$. $\delta(\mu_i - \mu_i')$ is the two-dimensional unit-matrix and $\exp(K_3 \mu_i \mu_i')$ is the matrix

$$\begin{pmatrix} \exp K_3 & \exp(-K_3) \\ \exp(-K_3) & \exp K_3 \end{pmatrix} \qquad (6)$$

It is convenient to put these matrices also in the form

$$\exp\,(matrix)$$

This is possible by writing

$\begin{pmatrix} \exp K_3 & \exp(-K_3) \\ \exp(-K_3) & \exp K_3 \end{pmatrix} = T \cdot T^{-1} \cdot \begin{pmatrix} \exp K_3 & \exp(-K_3) \\ \exp(-K_3) & \exp K_3 \end{pmatrix} \cdot T \cdot T^{-1}$

where T is the matrix which transforms (6) into diagonal form:

$$T^{-1} \cdot \begin{pmatrix} \exp K_3 & \exp(-K_3) \\ \exp(-K_3) & \exp K_3 \end{pmatrix} \cdot T = \begin{pmatrix} a_1 & 0 \\ 0 & a_2 \end{pmatrix} = \exp \begin{pmatrix} \ln a_1 & 0 \\ 0 & \ln a_2 \end{pmatrix}$$

Then:

$$\begin{pmatrix} \exp K_3 & \exp(-K_3) \\ \exp(-K_3) & \exp K_3 \end{pmatrix} = T \cdot \exp \begin{pmatrix} \ln a_1 & 0 \\ 0 & \ln a_1 \end{pmatrix} \cdot T^{-1} =$$

$$= \exp [T \cdot \begin{pmatrix} \ln a_1 & 0 \\ 0 & \ln a_1 \end{pmatrix} \cdot T^{-1}]$$

In this way we find:

$$\exp(K_3 \mu_i \mu_i') = \begin{pmatrix} \exp K_3 & \exp(-K_3) \\ \exp(-K_3) & \exp K_3 \end{pmatrix} =$$

$$= \exp \begin{pmatrix} \ln (2 \operatorname{Sh} 2K_3)^{\frac{1}{2}} & K_3^* \\ K_3^* & \ln (2 \operatorname{Sh} 2K_3)^{\frac{1}{2}} \end{pmatrix} = (2 \operatorname{Sh} 2K_3)^{\frac{1}{2}} \exp (K_3^* \mathbf{c}_i) \quad (7)$$

with: $\quad K_i^* = \tfrac{1}{2} \ln \operatorname{Coth} K_i, \quad (K_i^*)^* = K_i.$ \hfill (8)

K_i^* satisfies the relations, given by K r a m e r s and W a n n i e r [1]):

$$\operatorname{Sh} 2K_i \operatorname{Sh} 2K_i^* = \operatorname{Ch} 2K_i \operatorname{Tanh} 2K_i^* = \operatorname{Tanh} 2K_i \operatorname{Ch} 2K_i^* = 1 \quad (9)$$

$\mathbf{c}_i$ (in O n s a g e r's [2]) notation C_i) is defined by:

$$\mathbf{c}_i \, \psi(\mu_1, \ldots, \mu_i, \ldots, \mu_{2n}) = \psi(\mu_1, \ldots, -\mu_i, \ldots, \mu_{2n}). \quad (10)$$

For reference, we tabulate here the algebraic properties of $\mathbf{s}_i$ and $\mathbf{c}_i$, which follow from (5) and (10), and have been given by O n- s a g e r [2]):

$$\begin{aligned} \mathbf{s}_i^2 = \mathbf{c}_i^2 = 1, & \quad \mathbf{s}_i \mathbf{c}_i = -\mathbf{c}_i \mathbf{s}_i; \\ \mathbf{s}_i \mathbf{s}_k = \mathbf{s}_k \mathbf{s}_i, & \quad \mathbf{c}_i \mathbf{c}_k = \mathbf{c}_k \mathbf{c}_i; \\ \mathbf{s}_i \mathbf{c}_k = \mathbf{c}_k \mathbf{s}_i & \quad (i \neq k). \end{aligned} \quad (11)$$

Using (7) and the commutativity of the $\mathbf{c}_i$'s we can write

$$V_2' = (2 \operatorname{Sh} 2K_3)^{n/2} \exp [K_3^*(\mathbf{c}_1 + \mathbf{c}_3 + \ldots + \mathbf{c}_{2n-1})],$$

$$V_4' = (2 \operatorname{Sh} 2K_3)^{n/2} \exp [K_3^*(\mathbf{c}_2 + \mathbf{c}_4 + \ldots + \mathbf{c}_{2n})].$$

Thus we find that the partition function per atom $\lambda_{\mathfrak{T}}$ of a two way infinite triangular lattice is equal to

$$\lambda_{\mathfrak{T}} = \operatorname{Lim}_{n \to \infty} \lambda_{\mathfrak{T},2n}^{1/2n}, \quad (12)$$

$\lambda_{\mathfrak{T},2n}$ being the largest eigenvalue of the 2^{2n}-dimensional matrix $V_{\mathfrak{T},2n}$, defined by:

$$V_{\mathfrak{T},2n} = (2 \text{ Sh } 2K_3)^n \, V_1 V_2 V_3 V_4, \qquad (13)$$

$V_1 = \exp[K_1(s_1 s_2 + s_3 s_4 + \ldots + s_{2n-1} s_{2n}) + K_2(s_2 s_3 + s_4 s_5 + \ldots + s_{2n} s_1)],$

$V_2 = \exp[K_3^*(c_1 + c_3 + \ldots + c_{2n-1})],$

$V_3 = \exp[K_2(s_1 s_2 + s_3 s_4 + \ldots + s_{2n-1} s_{2n}) + K_1(s_2 s_3 + s_4 s_5 + \ldots + s_{2n} s_1)],$

$V_4 = \exp[K_3^*(c_2 + c_4 + \ldots + c_{2n})].$

3. *The eigenvalue problem related to the honeycomb lattice.* As in the case of the triangular lattice, we denote each atom in the strip of honeycomb lattice in fig. 2 by two indices, the first referring to the row and the second to the column in which it is situated. This strip we also transform to a cylinder so that each atom k, l will be identical with $k, l + 2n$, and then this cylinder to a torus so that each atom k, l will be identical with $k + 2m, l$. The partition function of this torus-shaped two-dimensional honeycomb lattice of $4nm$ atoms with interaction energies J_1, J_2 and J_3, as indicated in fig. 2, will be:

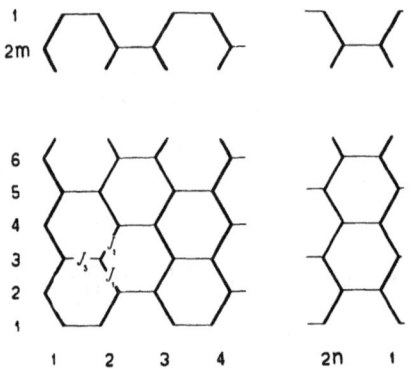

Fig. 2. Honeycomb lattice. How rows and columns (thick zigzag lines) are counted.

$Z_{\mathfrak{H},2n,2m} = \underset{\mu_{k,l} = \pm 1}{\Sigma} [\Pi_{i=1}^m \exp [\Sigma_{j=1}^n (K_1 \mu_{2i-1,2j-1} \mu_{2i,2j-1} +$

$+ K_2 \mu_{2i-1,2j} \mu_{2i,2j} + K_3 \mu_{2i,2j} \mu_{2i,2j+1} + K_2 \mu_{2i,2j-1} \mu_{2i+1,2j-1} +$

$+ K_1 \mu_{2i,2j} \mu_{2i+1,2j} + K_3 \mu_{2i+1,2j-1} \mu_{2i+1,2j})]].$

We can see:

$$Z_{\mathfrak{H},2n,2m} = \text{Trace } V_{\mathfrak{H},2n}^m, \qquad V_{\mathfrak{H},2n} = V_a \cdot V_b. \qquad (14)$$

V_a and V_b are two 2^{2n}-dimensional matrices, whose elements in the row, denoted by the set $\mu_1, \mu_2, \ldots, \mu_{2n}$ ($\mu_k = \pm 1$), and in the column, denoted by the set $\mu'_1, \mu'_2, \ldots, \mu'_{2n}$ ($\mu'_k = \pm 1$), have respectively the values:

$$\left.\begin{aligned}&V_a(\mu_1, \ldots, \mu_{2n}; \mu'_1, \ldots, \mu'_{2n}) = \\ &\quad = \exp\left[\Sigma_{j=1}^{n}(K_1\mu_{2j-1}\mu'_{2j-1} + K_2\mu_{2j}\mu'_{2j} + K_3\mu'_{2j}\mu'_{2j+1})\right], \\ &V_b(\mu_1, \ldots, \mu_{2n}; \mu'_1, \ldots, \mu'_{2n}) = \\ &\quad = \exp\left[\Sigma_{j=1}^{n}(K_2\mu_{2j-1}\mu'_{2j-1} + K_1\mu_{2j}\mu'_{2j} + K_3\mu'_{2j-1}\mu'_{2j})\right].\end{aligned}\right\} \quad (15)$$

Reasoning in the same way as we did for the triangular lattice, we can conclude finally, that the partition function per atom $\lambda_{\mathfrak{H}}$ of the two way infinite honeycomb lattice is equal to

$$\lambda_{\mathfrak{H}} = \text{Lim}_{n\to\infty} \lambda_{\mathfrak{H},2n}^{1/4n}, \quad (16)$$

$\lambda_{\mathfrak{H},2n}$ being the largest eigenvalue of the 2^{2n}-dimensional matrix $\boldsymbol{V}_{\mathfrak{H},2n}$, defined by:

$$\boldsymbol{V}_{\mathfrak{H},2n} = (2\,\text{Sh}\,2K_1)^n (2\,\text{Sh}\,2K_2)^n \boldsymbol{W}_1\boldsymbol{W}_2\boldsymbol{W}_3\boldsymbol{W}_4, \quad (17)$$

$\boldsymbol{W}_1 = \exp[K_1^*(\boldsymbol{c}_1 + \boldsymbol{c}_3 + \ldots + \boldsymbol{c}_{2n-1}) + K_2^*(\boldsymbol{c}_2 + \boldsymbol{c}_4 + \ldots + \boldsymbol{c}_{2n})]$,

$\boldsymbol{W}_2 = \exp[K_3(\boldsymbol{s}_2\boldsymbol{s}_3 + \boldsymbol{s}_4\boldsymbol{s}_5 + \ldots + \boldsymbol{s}_{2n}\boldsymbol{s}_1)]$,

$\boldsymbol{W}_3 = \exp[K_2^*(\boldsymbol{c}_1 + \boldsymbol{c}_3 + \ldots + \boldsymbol{c}_{2n-1}) + K_1^*(\boldsymbol{c}_2 + \boldsymbol{c}_4 + \ldots + \boldsymbol{c}_{2n})]$,

$\boldsymbol{W}_4 = \exp[K_3(\boldsymbol{s}_1\boldsymbol{s}_2 + \boldsymbol{s}_3\boldsymbol{s}_4 + \ldots + \boldsymbol{s}_{2n-1}\boldsymbol{s}_{2n})]$.

4. *Dual relation between $\lambda_{\mathfrak{T}}$ and $\lambda_{\mathfrak{H}}$.* We shall now derive a relation between $\lambda_{\mathfrak{T}}$ and $\lambda_{\mathfrak{H}}$, using the method by which O n s a g e r [6] showed the dual relation between the values of the partition function of a quadratic lattice for high and low temperatures.

All eigenvectors of $\boldsymbol{V}_{\mathfrak{T},2n}$ and $\boldsymbol{V}_{\mathfrak{H},2n}$ belonging to non-degenerate eigenvalues are either even,

$$\psi(\mu_1, \mu_2, \ldots, \mu_{2n}) = \psi(-\mu_1, -\mu_2, \ldots, -\mu_{2n}),$$

or odd, $\quad \psi(\mu_1, \mu_2, \ldots, \mu_{2n}) = -\psi(-\mu_1, -\mu_2, \ldots, -\mu_{2n}),$

because all operators $\boldsymbol{s}_i\boldsymbol{s}_{i+1}$ and $\boldsymbol{c}_i$ transform an even vector into an even one and odd vector into an odd one. Substituting in the expression for $\boldsymbol{V}_{\mathfrak{H},2n}$, (17), $\boldsymbol{s}_i\boldsymbol{s}_{i+1}$ for $\boldsymbol{c}_i$ and $\boldsymbol{c}_{i+1}$ for $\boldsymbol{s}_i\boldsymbol{s}_{i+1}$ ($\boldsymbol{s}_{2n+1} = \boldsymbol{s}_1$; $\boldsymbol{c}_{2n+1} = \boldsymbol{c}_1$) we get, in view of (13):

$$\boldsymbol{V}_{\mathfrak{H},2n}(K_1, K_2, K_3) \to (2\,\text{Sh}\,2K_1)^n(2\,\text{Sh}\,2K)^n(2\,\text{Sh}\,2K_3^*)^{-n}\boldsymbol{V}_{\mathfrak{T},2n}(K_1^*, K_2^*, K_3^*) =$$
$$= (2\,\text{Sh}\,2K_1\,\text{Sh}\,2K_2\,\text{Sh}\,2K_3)^n \boldsymbol{V}_{\mathfrak{T},2n}(K_1^*, K_2^*, K_3^*). \quad (18)$$

If not only K_1, K_2 and K_3 but also K_1^*, K_2^* and K_3^* are real, all elements of both $\boldsymbol{V}_{\mathfrak{H},2n}(K_1, K_2, K_3)$ and $\boldsymbol{V}_{\mathfrak{T},2n}(K_1^*, K_2^*, K_3^*)$ are positive and the largest eigenvalues of both will belong to even vectors [5]). Since, as O n s a g e r showed [6]), the eigenvalues belonging to even vectors are not changed by the above substitution, it follows that then:

$$\lambda_{\mathfrak{H},2n}(K_1, K_2, K_3) = (2\,\text{Sh}\,2K_1\,\text{Sh}\,2K_2\,\text{Sh}\,2K_3)^n\,\lambda_{\mathfrak{T},2n}(K_1^*, K_2^*, K_3^*). \quad (19)$$

However, if some K_i or K_i^* are negative, the corresponding K_i^* or K_i respectively, will be complex. This case therefore needs further discussion.

All elements of the 2^{2n}-dimensional matrices $\boldsymbol{V}_{\mathfrak{T},2n}(K_1, K_2, K_3)$ and $\boldsymbol{V}_{\mathfrak{H},2n}(K_1, K_2, K_3)$ are analytical functions of K_1, K_2 and K_3. Therefore $\lambda_{\mathfrak{T},2n}(K_1, K_2, K_3)$ and $\lambda_{\mathfrak{H},2n}(K_1, K_2, K_3)$, which are non-degenerate eigenvalues, defined for all real values of K_1, K_2 and K_3, are also analytical for these values of the parameters, and can be continuated analytically to complex values of one or more of them. Hence the above relation, (19), will be valid for all values of K_1, K_2 and K_3 if we obtain $\lambda_{\mathfrak{T},2n}$ and $\lambda_{\mathfrak{H},2n}$, for complex values of their arguments, by appropriate analytical continuation from real values of these arguments.

Using (12), (16) and (19) we derive:

$$\lambda_{\mathfrak{H}}^2(K_1, K_2, K_3) = (2\,\text{Sh}\,2K_1\,\text{Sh}\,2K_2\,\text{Sh}\,2K_3)^{\frac{1}{2}}\,\lambda_{\mathfrak{T}}(K_1^*, K_2^*, K_3^*). \quad (20)$$

In the case where one or more of the parameters K_i and K_i^* are complex, $\lambda_{\mathfrak{T}}$ and $\lambda_{\mathfrak{H}}$ denote the appropriate analytical continuations to these complex values.

5. *Star-triangle relation between $\lambda_{\mathfrak{H}}$ and $\lambda_{\mathfrak{T}}$.* Following a method of W a n n i e r [7]) for $K_1 = K_2 = K_3$, we shall derive for the general case $K_1 \neq K_2 \neq K_3$ a second relation between $\lambda_{\mathfrak{H}}$ and $\lambda_{\mathfrak{T}}$. In this method the μ's of half of the atoms are eliminated from the partition function of a honeycomb lattice and new interactions between their neighbours are introduced.

The partition function $Z_{\mathfrak{H},2n,2m}$ of the same torus-shaped honeycomb lattice of $4nm$ atoms, as we constructed in section 3, is a sum over the possible values, $+1$ and -1, of the spin variables of a product of $2nm$ factors of the form $\exp(K_1\mu_1\mu_0 + K_2\mu_2\mu_0 + K_3\mu_3\mu_0)$.

ORDER-DISORDER IN HEXAGONAL LATTICES

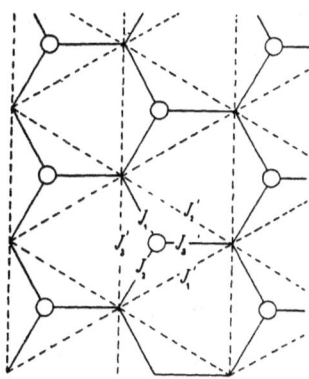

Fig.3. Explaining Wannier's star-triangle transformation.

Here each μ_0 represents the spin variable of an atom denoted by a circle in fig. 3 and appears in one of these factors only. By carrying out the summation over the values $+1$ and -1 of these μ_0's first, we see that $Z_{\mathfrak{H},2n,2m}$ is the sum over the possible values of the other spin variables, of a product of $2nm$ factors of the form:

$$\Sigma_{\mu_0 = \pm 1} \exp(K_1\mu_1\mu_0 + K_2\mu_2\mu_0 + K_3\mu_3\mu_0).$$

This form can take only four values for $\mu_1, \mu_2, \mu_3 = \pm 1$ and we can easily verify that

$$\Sigma_{\mu_0=\pm 1} \exp(K_1\mu_1\mu_0 + K_2\mu_2\mu_0 + K_3\mu_3\mu_0) =$$
$$= S(K_1, K_2, K_3) \exp(K'_1\mu_2\mu_3 + K'_2\mu_3\mu_1 + K'_3\mu_1\mu_2) \quad (21)$$

with

$$S(K_1, K_2, K_3) =$$
$$= 2\sqrt[4]{\text{Ch}(K_1+K_2+K_3)\text{Ch}(-K_1+K_2+K_3)\text{Ch}(K_1-K_2+K_3)\text{Ch}(K_1+K_2-K_3)} \quad (22)$$

and

$$\exp(2K'_2 + 2K'_3) = \text{Ch}(K_1+K_2+K_3)/\text{Ch}(-K_1+K_2+K_3), \text{ cycl.} \quad (23)$$

So we see, that by the above relation, (21), it is possible to eliminate the μ_0's if we introduce at the same time the interactions $J'_1 = kTK'_1$, $J'_2 = kTK'_2$ and $J'_3 = kTK'_3$, between the atoms 2 and 3, 3 and 1 and 1 and 2 respectively. These new interactions are indicated by dashed lines in fig. 3.

We find:

$$Z_{\mathfrak{H},2n,2m} = \{S(K_1, K_2, K_3)\}^{2nm} Z_{\mathfrak{T},2n,m}(K'_1, K'_2, K'_3)$$

$Z_{\mathfrak{T},2n,2m}$ being the partition function of the torus-shaped triangular lattice of $2nm$ atoms, which we constructed in section 2. So we can conclude that:

$$\lambda^2_{\mathfrak{H}}(K_1, K_2, K_3) = S(K_1, K_2, K_3) \lambda_{\mathfrak{T}}(K'_1, K'_2, K'_3). \quad (24)$$

6. *Conclusions drawn from the dual and star-triangle relations with respect to the form of the functions* $\lambda_{\mathfrak{T}}(K_1, K_2, K_3)$ *and* $\lambda_{\mathfrak{H}}(K_1, K_2, K_3)$. By eliminating $\lambda_{\mathfrak{H}}$ and $\lambda_{\mathfrak{T}}$ respectively, from the relations (20) and (24), we derive:

$$\lambda_{\mathfrak{T}}^4(K_i) = F_{\mathfrak{T}}(K_i)\,\lambda_{\mathfrak{T}}^4(K_i^\circ), \tag{25}$$

$$\lambda_{\mathfrak{H}}^4(K_i) = G_{\mathfrak{H}}(K_i)\,\lambda_{\mathfrak{H}}^4(K_i^\oplus), \tag{26}$$

with

$$F_{\mathfrak{T}}(K_i) = 16(\mathrm{Ch}\,K_1\,\mathrm{Ch}\,K_2\,\mathrm{Ch}\,K_3 + \mathrm{Sh}\,K_1\,\mathrm{Sh}\,K_2\,\mathrm{Sh}\,K_3)\cdot$$
$$\cdot(\mathrm{Sh}\,K_1\,\mathrm{Ch}\,K_2\,\mathrm{Ch}\,K_3 + \mathrm{Ch}\,K_1\,\mathrm{Sh}\,K_2\,\mathrm{Sh}\,K_3)\cdot$$
$$\cdot(\mathrm{Ch}\,K_1\,\mathrm{Sh}\,K_2\,\mathrm{Ch}\,K_3 + \mathrm{Sh}\,K_1\,\mathrm{Ch}\,K_2\,\mathrm{Sh}\,K_3)\cdot$$
$$\cdot(\mathrm{Ch}\,K_1\,\mathrm{Ch}\,K_2\,\mathrm{Sh}\,K_3 + \mathrm{Sh}\,K_1\,\mathrm{Sh}\,K_2\,\mathrm{Ch}\,K_3), \tag{27}$$

$$G_{\mathfrak{H}}(K_i) = \frac{(\mathrm{Sh}\,2K_1)^2\,(\mathrm{Sh}\,2K_2)^2\,(\mathrm{Sh}\,2K_3)^2}{4\mathrm{Ch}(K_1+K_2+K_3)\mathrm{Ch}(-K_1+K_2+K_3)\mathrm{Ch}(K_1-K_2+K_3)\mathrm{Ch}(K_1+K_2-K_3)}, \tag{28}$$

$$\left.\begin{array}{c}\exp(2K_2^\circ + 2K_3^\circ) = \dfrac{e^{2K_1+2K_2+2K_3} + e^{2K_1} + e^{2K_2} + e^{2K_3}}{e^{2K_1+2K_2+2K_3} + e^{2K_1} - e^{2K_2} - e^{2K_3}},\ \text{cycl.,} \\[6pt] (K_i^\circ)^\circ = K_i\end{array}\right\} \tag{29}$$

and

$$\left.\begin{array}{c}\mathrm{Coth}\,K_2^\oplus\,\mathrm{Coth}\,K_3^\oplus = \mathrm{Ch}(K_1+K_2+K_3)/\mathrm{Ch}(-K_1+K_2+K_3),\ \text{cycl.,} \\[4pt] (K_i^\oplus)^\oplus = K_i.\end{array}\right\} \tag{30}$$

The formulae (29) and (30) connect sets of high values of K_1, K_2 and K_3 with sets of low values of these parameters. However (25) and (26) cannot, in general, be considered as relations between the values of the partition function of one triangular or honeycomb lattice at high and low temperatures. This is because the ratios of the K_i's are changed by the substitutions (29) and (30), unless $K_1 = K_2 = K_3$, for which case the special forms of (25) and (29) were given by W a n n i e r [7]).

Because of (29) and (30) the relations (25) and (26) can be brought into a symmetrical form:

$$f_{\mathfrak{T}}(K_i) = \lambda_{\mathfrak{T}}^8(K_i)/F_{\mathfrak{T}}(K_i) = \lambda_{\mathfrak{T}}^8(K_i^\circ)/F_{\mathfrak{T}}(K_i^\circ) = f_{\mathfrak{T}}(K_i^\circ), \tag{31}$$

$$g_{\mathfrak{H}}(K_i) = \lambda_{\mathfrak{H}}^8(K_i)/G_{\mathfrak{H}}(K_i) = \lambda_{\mathfrak{H}}^8(K_i^\oplus)/G_{\mathfrak{H}}(K_i^\oplus) = g_{\mathfrak{H}}(K_i^\oplus). \tag{32}$$

With the aid of (20) we can derive from these symmetrical relations the two other symmetrical ones:

$$f_{\mathfrak{H}}(K_i) = f_{\mathfrak{T}}(K_i^*) = \lambda_{\mathfrak{H}}^{16}(K_i)/F_{\mathfrak{H}}(K_i) = \lambda_{\mathfrak{H}}^{16}(K_i^\circ)/F_{\mathfrak{H}}(K_i^\circ) = f_{\mathfrak{H}}(K_i^\circ) \quad (33)$$

and

$$g_{\mathfrak{T}}(K_i) = g_{\mathfrak{H}}(K_i^*) = \lambda_{\mathfrak{T}}^{4}(K_i)/G_{\mathfrak{T}}(K_i) = \lambda_{\mathfrak{T}}^{4}(K_i^\circ)/G_{\mathfrak{T}}(K_i^\circ) = g_{\mathfrak{T}}(K_i^\circ), \quad (34)$$

with $\quad F_{\mathfrak{H}}(K_i) = (\text{Sh } 2K_1 \text{ Sh } 2K_2 \text{ Sh } 2K_3)^4/G_{\mathfrak{H}}(K_i) \quad (35)$

and $\quad G_{\mathfrak{T}}(K_i) = \frac{1}{4} (\text{Sh } 2K_1 \text{ Sh } 2K_2 \text{ Sh } 2K_3)^2/F_{\mathfrak{T}}(K_i). \quad (36)$

From the invariance of $f_{\mathfrak{T}}(K_1, K_2, K_3)$ and $g_{\mathfrak{T}}(K_1, K_2, K_3)$ with respect to the substitution (29) and their symmetry in K_1, K_2 and K_3 we can prove, that for positive values of $K_1 + K_2$, $K_2 + K_3$ and $K_3 + K_1$,

$$f_{\mathfrak{T}}(K_1, K_2, K_3) = \varphi(y_1, y_2, y_3) \quad (37)$$

and $\quad g_{\mathfrak{T}}(K_1, K_2, K_3) = \chi(y_1, y_2, y_3), \quad (38)$

where $\varphi(y_1, y_2, y_3)$ and $\chi(y_1, y_2, y_3)$ are one-valued functions of the variables

$$y_1 = \tfrac{1}{2}\text{Sh } 2K_1/(\text{Ch } 2K_1 \text{Ch } 2K_2 \text{ Ch } 2K_3 + \text{Sh } 2K_1 \text{ Sh } 2K_2 \text{ Sh } 2K_3), \text{cycl. (39)}$$

These y_i vanish both at very high and very low temperatures and are also invariant with respect to substitution (29). The possibility of using such y's is suggested by the appearance of the parameters

$$\tfrac{1}{2} \text{Sh } 2K_1/(\text{Ch } 2K_1 \text{ Ch } 2K_2) \text{ and } \tfrac{1}{2} \text{Sh } 2K_2/(\text{Ch } 2K_1 \text{ Ch } 2K_2)$$

in the partition function of a rectangular lattice (see formulae 109a and 109b in the article of O n s a g e r [2])).

The proof is as follows. Denoting by $\zeta_i(x_1, x_2, x_3)$ one-valued functions of the parameters x_1, x_2 and x_3, we recognize easily, that for positive values of $K_1 + K_2$, $K_2 + K_3$ and $K_3 + K_1$:

$$f_{\mathfrak{T}}(K_1, K_2, K_3) = \zeta_1(p, q, r)$$

with $\quad p = \exp(-2K_2 - 2K_3), \quad q = \exp(-2K_3 - 2K_1),$

$$r = \exp(-2K_1 - 2K_2). \quad (40)$$

From (29), (31) and (40) we conclude

$$\zeta_1(p, q, r) = \zeta_1(p^\circ, q^\circ, r^\circ) \quad (41)$$

with $p^\circ = \dfrac{1+p-q-r}{1+p+q+r}$, $q^\circ = \dfrac{1-p+q-r}{1+p+q+r}$,

$$r^\circ = \frac{1-p-q+r}{1+p+q+r}, \quad (42)$$

and we see that

$$y_1 = (p - qr)/(1 + p^2 + q^2 + r^2) =$$
$$= (p^\circ - q^\circ r^\circ)/(1 + p^{\circ 2} + q^{\circ 2} + r^{\circ 2}), \text{ cycl.} \quad (43)$$

The substitution (42) can be brought, by the transformation,

$u = (r+1)/(p-q)$, $v = (1+p+q-r)/(p-q)$,
$w = (p+q+r-1)/(p-q)$; $p = (v+w+2)/(2u+v-w)$,
$q = (v+w-2)/(2u+v-w)$, $r = (2u-v+w)/(2u+v-w)$, (44)

with the corresponding expressions of u°, v° and w° in p°, q° and r°, into the form

$$u^\circ = u, \quad v^\circ = v, \quad w^\circ = -w. \quad (45)$$

Writing $f_{\mathfrak{T}}(K_1, K_2, K_3) = \zeta_1(p, q, r) = \zeta_2(u, v, w)$,

we derive from (41), (44) and (45) $\zeta_2(u, v, w) = \zeta_2(u, v, -w)$.

Consequently: $f_{\mathfrak{T}}(K_1, K_2, K_3) = \zeta_2(u, v, w) = \zeta_3(u, v, w^2)$.

From $f_{\mathfrak{T}}(K_1, K_2, K_3) = f_{\mathfrak{T}}(K_2, K_1, K_3)$, (40) and (44) it follows that

$$\zeta_3(u, v, w^2) = \zeta_3(-u, -v, w^2).$$

Therefore: $f_{\mathfrak{T}}(K_1, K_2, K_3) = \zeta_3(u, v, w) = \zeta_4(u/v, v^2, w^2)$.

If $K_1 + K_2$, $K_2 + K_3$ and $K_3 + K_1$ are positive, we see by (40) and (44), that u/v will be positive too, and we can write

$$f_{\mathfrak{T}}(K_1, K_2, K_3) = \zeta_4(u/v, v^2, w^2) = \zeta_5(u^2/v^2, v^2, w^2).$$

From (43) and (44) we find that:

$$2y_1 = (v^2 - w^2 + 4u)/(v^2 + w^2 + 2u^2 + 2),$$
$$2y_2 = (v^2 - w^2 - 4u)/(v^2 + w^2 + 2u^2 + 2),$$
$$2y_3 = (2u^2 - v^2 - w^2 + 2)/(v^2 + w^2 + 2u^2 + 2).$$

We can conclude that u^2, v^2 and w^2 are one-valued functions of y_1, y_2 and y_3 if u is a one-valued function of y_1, y_2 and y_3. Now, by eliminating v^2 and w^2 we obtain

$$(y_1 - y_2)(u^2 + 1) - (1 + 2y_3) u = 0,$$

which is a reciprocal equation of second degree for u and by which u is defined in unique way for $K_1 + K_2 > 0$, $K_2 + K_3 > 0$ and $K_3 + K_1 > 0$, in view of the fact that then, according to (40) and (44), $|u| > 1$.

Finally we conclude, that for positive $K_1 + K_2$, $K_2 + K_3$ and $K_3 + K_1$, $f_\mathfrak{T}(K_1, K_2, K_3)$ is a one-valued function of y_1, y_2 and y_3, q.e.d.. The same proof applies to $g_\mathfrak{T}(K_1, K_2, K_3)$.

If K_1, K_2 and K_3 are positive, K_1^*, K_2^* and K_3^* will be positive too and vice versa. Hence we conclude from (9), (33), (34), (37), (38) and (39) that in this case

$$f_\mathfrak{H}(K_1, K_2, K_3) = \varphi(z_1, z_2, z_3), \tag{46}$$

$$g_\mathfrak{H}(K_1, K_2, K_3) = \chi(z_1, z_2, z_3), \tag{47}$$

with $z_1 = \tfrac{1}{2}(\text{Sh } 2K_2 \text{ Sh } 2K_3)/(\text{Ch } 2K_1 \text{ Ch } 2K_2 \text{ Ch } 2K_3 + 1)$, cycl. (48)

Further we derive from (37) and (38) and from the fact that $\lambda_\mathfrak{T}$ and $F_\mathfrak{T} G_\mathfrak{T}$ are positive for positive values of $K_1 + K_2$, $K_2 + K_3$ and $K_3 + K_1$, that then:

$$h_\mathfrak{T}(K_1, K_2, K_3) =$$
$$= \tfrac{1}{4}\lambda_\mathfrak{T}^2(K_1, K_2, K_3)/(\text{Ch } 2K_1 \text{ Ch } 2K_2 \text{ Ch } 2K_3 + \text{Sh } 2K_1 \text{ Sh } 2K_2 \text{ Sh } 2K_3) =$$
$$= (f_\mathfrak{T} g_\mathfrak{T} y_1^2 y_2^2 y_3^2/2^8)^{1/6} = \xi(y_1, y_2, y_3),$$

$\xi(y_1, y_2, y_3)$ being a one-valued function of y_1, y_2 and y_3 also. In addition, we derive with the aid of (20) for positive K_1, K_2 and K_3:

$$h_\mathfrak{H}(K_1, K_2, K_3) =$$
$$= \tfrac{1}{8}\lambda_\mathfrak{H}^4(K_1, K_2, K_3)/(\text{Ch } 2K_1 \text{ Ch } 2K_2 \text{ Ch } 2K_3 + 1) = \xi(z_1, z_2, z_3).$$

Resuming the main results of this section, we state that for positive values of $K_1 + K_2$, $K_2 + K_3$ and $K_3 + K_1$:

$$\left.\begin{aligned}
f_\mathfrak{T} &= \lambda_\mathfrak{T}^8/F_\mathfrak{T} = \varphi(y_1, y_2, y_3), \\
g_\mathfrak{T} &= \lambda_\mathfrak{T}^4/G_\mathfrak{T} = \chi(y_1, y_2, y_3), \\
h_\mathfrak{T} &= \tfrac{1}{4}\lambda_\mathfrak{T}^2/(\text{Ch } 2K_1 \text{ Ch } 2K_2 \text{ Ch } 2K_3 + \text{Sh } 2K_1 \text{ Sh } 2K_2 \text{ Sh } 2K_3) = \\
&\qquad\qquad\qquad\qquad\qquad\qquad\qquad = \xi(y_1, y_2, y_3),
\end{aligned}\right.$$

and that for positive values of K_1, K_2 and K_3:

$$\left.\begin{aligned}
f_\mathfrak{H} &= \lambda_\mathfrak{H}^{16}/F_\mathfrak{H} = \varphi(z_1, z_2, z_3), \\
g_\mathfrak{H} &= \lambda_\mathfrak{H}^8/G_\mathfrak{H} = \chi(z_1, z_2, z_3), \\
h_\mathfrak{H} &= \tfrac{1}{8}\lambda_\mathfrak{H}^4/(\text{Ch } 2K_1 \text{ Ch } 2K_2 \text{ Ch } 2K_3 + 1) = \xi(z_1, z_2, z_3),
\end{aligned}\right\} \tag{49}$$

where φ, χ and ξ are one-valued functions of their three parameters, and where $F_{\mathfrak{T}}$, $G_{\mathfrak{T}}$, $F_{\mathfrak{H}}$, $G_{\mathfrak{H}}$, y_i and z_i are defined by (27), (28), (35), (36), (39) and (48). y_i and z_i vanish both at very high and very low temperatures. The first three functions, $f_{\mathfrak{T}}$, $g_{\mathfrak{T}}$ and $h_{\mathfrak{T}}$, are, for all real values of K_1, K_2 and K_3, invariant with respect to substitution (29) and the last three functions, $f_{\mathfrak{H}}$, $g_{\mathfrak{H}}$ and $h_{\mathfrak{H}}$, with respect to substitution (30).

Later, in section 11, it will be shown that the third and sixth of the relations (49) will be valid with a one-valued function ξ for all real values of K_1, K_2 and K_3 and the exact form of that function ξ will be given as a double integral.

7. *The development of φ, χ and ξ in power series*. We can use the relations (49) to construct expressions of $\lambda_{\mathfrak{T}}$ and $\lambda_{\mathfrak{H}}$, which will be valid both at very high and very low temperatures, in the form of a product or a quotient of an elementary function and a power series in y_i respectively z_i.

To find these power series we can develop the partition function $\lambda_{\mathfrak{T}}$ for positive interaction energies J_1, J_2 and J_3 in an elementary way, as K r a m e r s and W a n n i e r [8]) did for the quadratic lattice, both in a power series of K_1, K_2 and K_3 valid at high temperature, and in a power series of $\exp(-K_1)$, $\exp(-K_2)$ and $\exp(-K_3)$, valid at low temperature. Only one of these expansions is needed to construct the power series for φ, χ and ξ, but the other can be used as a check.

We find (denoting by Σ_p the sum over the six permutations of the indices 1, 2, 3):

$$\lambda_{\mathfrak{T}} = \tfrac{1}{6}\Sigma_p (2 + 3 K_1^2 + 4 K_1 K_2 K_3 + \tfrac{1}{4} K_1^4 + 7\tfrac{1}{2} K_1^2 K_2^2 + 14 K_1^3 K_2 K_3 + \\ + \tfrac{1}{120} K_1^6 + 10\tfrac{1}{4} K_1^4 K_2^2 + 17\tfrac{1}{4} K_1^2 K_2^2 K_3^2 + \ldots) \quad (50)$$

for high and

$$\lambda_{\mathfrak{T}} = e^{K_1+K_2+K_3} \cdot \tfrac{1}{6}\Sigma_p (1 + L_1 L_2 L_3 + 3 L_1^2 L_2^2 L_3 - L_1^2 L_2^2 L_3^2 + 3 L_1^3 L_2^3 L_3 + \\ + 9 L_1^3 L_2^2 L_3^2 - 9 L_1^3 L_2^3 L_3^2 \ldots) \quad (51)$$

$$(L_i = \exp(-4K_i))$$

for low temperatures. And we derive:

$$16/\varphi(y_1, y_2, y_3) = \tfrac{1}{6}\Sigma_p(y_1 y_2 y_3 + 3 y_1^2 y_2^2 + 12 y_1^3 y_2 y_3 + 24 y_1^4 y_2^2 + \\ + 28 y_1^2 y_2^2 y_3^2 + 42 y_1^5 y_2 y_3 + 168 y_1^3 y_2^3 y_3 + 84 y_1^6 y_2^2 + 120 y_1^4 y_2^4 + \\ + 762 y_1^4 y_2^2 y_3^2 + 144 y_1^7 y_2 y_3 + 2592 y_1^5 y_2^3 y_3 + 1560 y_1^3 y_2^3 y_3^3 \ldots), \quad (52)$$

$$\tfrac{1}{16}\chi(y_1, y_2, y_3)\, y_1^2 y_2^2 y_3^2 = \tfrac{1}{6}\Sigma_p(y_1 y_2 y_3 + 3\, y_1^2 y_2^2 - 6\, y_1^3 y_2 y_3 - 12\, y_1^4 y_2^2 -$$
$$- 14\, y_1^2 y_2^2 y_3^2 - 3\, y_1^5 y_2 y_3 - 48\, y_1^3 y_2^3 y_3 - 6\, y_1^6 y_2^2 - 24\, y_1^4 y_2^4 -$$
$$- 147\, y_1^4 y_2^2 y_3^2 - 6\, y_1^7 y_2 y_3 - 396\, y_1^5 y_2^3 y_3 - 300\, y_1^3 y_2^3 y_3^3\, ..),\quad (53)$$

$$\xi(y_1, y_2, y_3) = \tfrac{1}{6}\Sigma_p(1 - 3\, y_1^2 - 4\, y_1 y_2 y_3 - 3\, y_1^4 - 15\, y_1^2 y_2^2 -$$
$$- 60\, y_1^3 y_2 y_3 - 6\, y_1^6 - 138\, y_1^4 y_2^2 - 125\, y_1^2 y_2^2 y_3^2\, ..). \quad (54)$$

8. Introduction of rotations in 4n-dimensional space. We shall now show how our problem, as in the rectangular case, can be reduced to the treatment of $4n$-dimensional rotations only. It will be understood that a $4n$-dimensional rotation is a linear transformation of $4n$ coordinates, which leaves the sum of their quares invariant. We label it proper or improper according to whether the determinant of its matrix is equal to $+1$ or -1.

From the treatment of the rectangular lattice by K a u f m a n [3]) it can be understood that the introduction of $4n$ operators $\Gamma_1, \Gamma_2, .. \Gamma_{4n}$,

$$\Gamma_{2r-1} = c_1 c_2 .. c_{r-1} s_r,$$
$$\Gamma_{2r} = -i\, c_1 c_2 .. c_{r-1} c_r s_r, \quad (55)$$

will greatly simplify the calculation of, say $\lambda_{\mathfrak{x}}$. The operators Γ_k are, as was shown by K a u f m a n, related to rotations in $4n$-dimensional space in the following way. From the algebraic properties of s_i and c_i, (11), it follows

$$\Gamma_k \Gamma_l + \Gamma_l \Gamma_k = 2\, \delta_{kl}. \quad (56)$$

From this we derive

$$\exp(\tfrac{1}{2}\vartheta\,\Gamma_k\Gamma_l)\cdot\Gamma_j\cdot\exp(-\tfrac{1}{2}\vartheta\,\Gamma_k\Gamma_l) = \begin{cases}\Gamma_j & \text{if } j \neq k, l, \\ \cos\vartheta\,\Gamma_k - \sin\vartheta\,\Gamma_l & \text{if } j = k, \\ \sin\vartheta\,\Gamma_k + \cos\vartheta\,\Gamma_l & \text{if } j = l.\end{cases} \quad (57)$$

It follows that

$$\exp(\tfrac{1}{2}\vartheta\,\Gamma_k\Gamma_l)\,(\Sigma_{j=1}^{4n} x_j\,\Gamma_j)\exp(-\tfrac{1}{2}\vartheta\,\Gamma_k\Gamma_l) = \Sigma_{j=1}^{4n} x_j'\,\Gamma_j, \quad (58)$$

where
$$x_j' = \Sigma_{k=1}^{4n} \mathfrak{D}_{kj} x_k. \quad (59)$$

This represents a proper rotation $\mathfrak{D}$ through the angle ϑ, in which only x_k and x_l are involved.

Expressing, from the definition (55), the old operators in terms of the new ones,

$$\begin{aligned}c_k &= -i\,\Gamma_{2k-1}\Gamma_{2k}, & s_k &= (-i)^{k-1}\,\Gamma_1\,\Gamma_2 .. \Gamma_{2k-1}, \\ s_k s_{k+1} &= -i\,\Gamma_{2k}\,\Gamma_{2k+1}, & s_{2n}\,s_1 &= +i\,U\Gamma_{4n}\,\Gamma_1,\end{aligned} \quad (60)$$

where U is
$$U = c_1 c_2 \ldots c_{2n} = i^{2n} \Gamma_1 \Gamma_2 \ldots \Gamma_{4n}, \tag{61}$$
we find that V_1, V_2, V_3 and V_4 in (13) are products of factors of the form $\exp(-iK_j\Gamma_l\Gamma_{l+1})$ and $\exp(iK_j U\Gamma_{4n}\Gamma_1)$. All factors, except those of the latter form, induce by (58) rotations on $(x_1, x_2, x_3, \ldots, x_{4n})$. Because of the factors of the latter form, the product $V_1 V_2 V_3 V_4$ itself does not induce by
$$(V_1 V_2 V_3 V_4)(\Sigma_{j=1}^{4n} x_j \Gamma_j).(V_1 V_2 V_3 V_4)^{-1}$$
a rotation on $(x_1, x_2, \ldots, x_{4n})$. To bring these annoying factors in line with the others it is necessary to split up $V_{\mathfrak{T},2n}$ into a part, acting on even vectors only, and a part, acting on odd vectors only, by
$$V_{\mathfrak{T},2n} = \tfrac{1}{2}(1+U)V_{\mathfrak{T},2n} + \tfrac{1}{2}(1-U)V_{\mathfrak{T},2n}. \tag{62}$$

It follows from (10) and (61) that $\tfrac{1}{2}(1+U)$ acts as a unit-matrix on the 2^{2n-1}-dimensional space of even vectors and reduces to zero all odd vectors and that $\tfrac{1}{2}(1-U)$ acts as a unit-matrix on the 2^{2n-1}-dimensional space of odd vectors reducing to zero all even vectors. Therefore $\tfrac{1}{2}(1+U)V_{\mathfrak{T},2n}$ has the same eigenvalues belonging to even eigenvectors as $V_{\mathfrak{T},2n}$, while its eigenvalues belonging to odd eigenvectors are all zero. On the other hand $\tfrac{1}{2}(1-U)V_{\mathfrak{T},2n}$ has the same eigenvalues belonging to odd eigenvectors as $V_{\mathfrak{T},2n}$, while its eigenvalues belonging to even eigenvectors are all zero. Since
$$(1+U)U = 1+U \quad \text{and} \quad (1-U)U = -(1-U)$$
and since both $1+U$ and $1-U$ commute with all products $\Gamma_k \Gamma_l$, we see that
$$(1+U)\exp(iK_j U\Gamma_{4n}\Gamma_1) = (1+U)\exp(iK_j \Gamma_{4n}\Gamma_1) \tag{63}$$
and $\quad (1-U)\exp(iK_j U\Gamma_{4n}\Gamma_1) = (1-U)\exp(-iK_j \Gamma_{4n}\Gamma_1) \tag{64}$

and that we therefore can omit U in the factors of V_1 and V_3 in $\tfrac{1}{2}(1+U)V_{\mathfrak{T},2n}$ and replace it by -1 in the factors V_1 and V_3 in $\tfrac{1}{2}(1-U)V_{\mathfrak{T},2n}$.

So we find:
$$V_{\mathfrak{T},2n} = \tfrac{1}{2}(1+U)(2\,\mathrm{Sh}\,2K_3)^n V_0^+ + \tfrac{1}{2}(1-U)(2\,\mathrm{Sh}\,2K_3)^n V_0^- \tag{65}$$
with $\quad V_0^+ = V_1^+ V_2 V_3^+ V_4, \quad V_0^- = V_1^- V_2 V_3^- V_4; \tag{66}$

$$V_1^{\pm} = \exp(-iK_1\Gamma_2\Gamma_3)\cdot\exp(-iK_1\Gamma_6\Gamma_7)\cdots\exp(-iK_1\Gamma_{4n-2}\Gamma_{4n-1})\cdot$$
$$\cdot\exp(-iK_2\Gamma_4\Gamma_5)\cdot\exp(-iK_2\Gamma_8\Gamma_9)\cdots\exp(\pm iK_2\Gamma_{4n}\Gamma_1),$$
$$V_2 = \exp(-iK_3^*\Gamma_1\Gamma_2)\cdot\exp(-iK_3^*\Gamma_5\Gamma_6)\cdots\exp(-iK_3^*\Gamma_{4n-3}\Gamma_{4n-2}),$$
$$V_3^{\pm} = \exp(-iK_2\Gamma_2\Gamma_3)\cdot\exp(-iK_2\Gamma_6\Gamma_7)\cdots\exp(-iK_2\Gamma_{4n-2}\Gamma_{4n-1})\cdot$$
$$\cdot\exp(-iK_1\Gamma_4\Gamma_5)\cdot\exp(-iK_1\Gamma_8\Gamma_9)\cdots\exp(\pm iK_1\Gamma_{4n}\Gamma_1),$$
$$V_4 = \exp(-iK_3^*\Gamma_3\Gamma_4)\cdot\exp(-iK_3^*\Gamma_7\Gamma_8)\cdots\exp(-iK_3^*\Gamma_{4n-1}\Gamma_{4n}).$$

By (65) and (66) we have reached the aim of the present section.

9. *Explicit representation of V_0^+ and V_0^- as rotations.* From (58), (59) and (66) we find that $V_1^{\pm}$, V_2, $V_3^{\pm}$, V_4 and their products V_0^+ and V_0^- induce by $V(\Sigma_{k=1}^{4n} x_k\Gamma_k)V^{-1}$ ($V = V_1^{\pm}, V_2, V_3^{\pm}, V_4, V_0^{\pm}$) on $(x_1, x_2,\ldots, x_{4n})$ the rotations $\mathfrak{D}_1^+, \mathfrak{D}_1^-, \mathfrak{D}_2, \mathfrak{D}_3^+, \mathfrak{D}_3^-, \mathfrak{D}_4, \mathfrak{D}_0^+ = \mathfrak{D}_4\mathfrak{D}_3^+\mathfrak{D}_2\mathfrak{D}_1^+$ and $\mathfrak{D}_0^- = \mathfrak{D}_4\mathfrak{D}_3^-\mathfrak{D}_2\mathfrak{D}_1^-$. For their matrix-representations we find:

$$\mathfrak{D}_1^{\pm} = \begin{pmatrix} C_2 & & & & & \pm iS_2 \\ & C_1 & iS_1 & & & \\ & -iS_1 & C_1 & & & \\ & & & C_2 & iS_2 & \\ & & & -iS_2 & C_2 & \\ & & & & & \ddots \\ \mp iS_2 & & & & & C_2 \end{pmatrix}, \quad \mathfrak{D}_2 = \begin{pmatrix} C_3^* & iS_3^* & & & & \\ -iS_3^* & C_3^* & & & & \\ & & 1 & 0 & & \\ & & 0 & 1 & & \\ & & & & C_3^* & iS_3^* \\ & & & & -iS_3^* & C_3^* \\ & & & & & & \ddots \\ & & & & & & 1 & 0 \\ & & & & & & 0 & 1 \end{pmatrix},$$

$$\mathfrak{D}_3^{\pm} = \begin{pmatrix} C_1 & & & & & \pm iS_1 \\ & C_2 & iS_2 & & & \\ & -iS_2 & C_2 & & & \\ & & & C_1 & iS_1 & \\ & & & -iS_1 & C_1 & \\ & & & & & \ddots \\ \mp iS_1 & & & & & C_1 \end{pmatrix}, \quad \mathfrak{D}_4 = \begin{pmatrix} 1 & 0 & & & & \\ 0 & 1 & & & & \\ & & C_3^* & iS_3^* & & \\ & & -iS_3^* & C_3^* & & \\ & & & & 1 & 0 \\ & & & & 0 & 1 \\ & & & & & & \ddots \\ & & & & & & C_3^* & iS_3^* \\ & & & & & & -iS_3^* & C_3^* \end{pmatrix},$$

with the abbreviations:

$$C_j = \operatorname{Ch} 2K_j, \quad S_j = \operatorname{Sh} 2K_j, \quad C_j^* = \operatorname{Ch} 2K_j^*, \quad S_j^* = \operatorname{Sh} 2K_j^*. \quad (67)$$

Carrying out the multiplications $\mathfrak{D}_0^+ = \mathfrak{D}_4\cdot\mathfrak{D}_3^+\cdot\mathfrak{D}_2\cdot\mathfrak{D}_1^+$ and $\mathfrak{D}_0^- = \mathfrak{D}_4\cdot\mathfrak{D}_3^-\cdot\mathfrak{D}_2\cdot\mathfrak{D}_1^-$ we find:

$$\mathfrak{D}_0^{\pm} = \begin{pmatrix} a & b & & & & \mp c \\ c & a & b & & & \\ & c & a & b & & \\ & & c & a & & \\ & & & & \ddots & b \\ \mp b & & & & c & a \end{pmatrix}, \quad (68)$$

a, b and c being the 4-dimensional matrices:

$$a = \begin{pmatrix} +C_1C_2C_3^* + S_1S_2 & , & +iC_1^2S_3^* & , & -C_1S_1S_3^* & , & 0 \\ -iC_2^2S_3^* & , & +C_1C_2C_3^*+S_1S_2 & , & +iS_1C_2C_3^*+iC_1S_2 & , & 0 \\ -C_2S_2C_3^*S_3^* & , & -iC_1S_2C_3^{*2}-iS_1C_2C_3^* & , & +S_1S_2C_3^{*2}+C_1C_2C_3^* & , & +iC_1C_2S_3^*+iS_1S_2C_3^*S_3^* \\ +iC_2S_2S_3^{*2} & , & -C_1S_2C_3^*S_3^*-S_1C_2S_3^* & , & -iS_1S_2C_3^*S_3^*-iC_1C_2S_3^* & , & +C_1C_2C_3^*+S_1S_2C_3^{*2} \end{pmatrix},$$

$$b = \begin{pmatrix} 0 & , & 0 & , & 0 & , & 0 \\ 0 & , & 0 & , & 0 & , & 0 \\ -C_1S_2S_3^*-S_1C_2C_3^*S_3^*, & -iC_1S_1S_3^{*2} & , & +S_1^2S_3^{*2} & , & 0 \\ +iC_1S_2C_3^*+iS_1C_2C_3^{*2}, & -C_1S_1C_3^*S_3^* & , & -iS_1^2C_3^*S_3^* & , & 0 \end{pmatrix}, \quad (69)$$

$$c = \begin{pmatrix} 0 & , & 0 & , & 0 & , & -iS_1C_2-iC_1S_2C_3^* \\ 0 & , & 0 & , & 0 & , & -C_2S_2S_3^* \\ 0 & , & 0 & , & 0 & , & +iS_2^2C_3^*S_3^* \\ 0 & , & 0 & , & 0 & , & +S_2^2S_3^{*2} \end{pmatrix}.$$

10. *Diagonalization of* $\frac{1}{2}(1 + \boldsymbol{U})\boldsymbol{V}_{\mathfrak{T},2n}$. To compute the partition function per atom $\lambda_{\mathfrak{T}}$ of a two way infinite triangular lattice we need only calculate the largest eigenvalue of $\boldsymbol{V}_{\mathfrak{T},2n}$. Since this eigenvalue is positive and related to an even eigenvector, it is the largest eigenvalue of $\frac{1}{2}(1 + \boldsymbol{U})\boldsymbol{V}_{\mathfrak{T},2n}$ too. Therefore we shall diagonalize only $\frac{1}{2}(1 + \boldsymbol{U})\boldsymbol{V}_{\mathfrak{T},2n}$, although the same procedure is also applicable to $\frac{1}{2}(1 - \boldsymbol{U})\boldsymbol{V}_{\mathfrak{T},2n}$.

Each proper $4n$-dimensional rotation which can be diagonalized, can be transformed by a suitable rotation of the coordinate system to the standard form [9]),

$$\begin{pmatrix} \text{Ch } \gamma_1 & i\text{ Sh } \gamma_1 & & & & & \\ -i\text{ Sh } \gamma_1 & \text{Ch } \gamma_1 & & & & & \\ & & \text{Ch } \gamma_2 & i\text{ Sh } \gamma_2 & & & \\ & & -i\text{ Sh } \gamma_2 & \text{Ch } \gamma_2 & \ddots & & \\ & & & & & \text{Ch } \gamma_{2n} & i\text{ Sh } \gamma_{2n} \\ & & & & & -i\text{ Sh } \gamma_{2n} & \text{Ch } \gamma_{2n} \end{pmatrix}, \quad (70)$$

which represents a product of $2n$ commutative rotations through the angles $\vartheta_i = -i\gamma_i$. By applying a reflection, which is an improper rotation, relatively to the coordinate x_{2k}, we can make ϑ_k and γ_k change sign. $\mathfrak{D}_0^+$ can be diagonalized as will be shown in next section. Thus there exists a proper or improper rotation, $\mathfrak{R}$, such that

$$\overline{\mathfrak{D}_0^+} = \mathfrak{R} \cdot \mathfrak{D}_0^+ \cdot \mathfrak{R}_1^{-1} \quad (71)$$

has the form (70), in which the real parts of $\gamma_1, \gamma_2, \ldots, \gamma_{2n}$ are all non-negative. The latter will be used later on. The eigenvalues η_i, $1/\eta_i$ of $\overline{\mathfrak{D}_0^+}$, and therefore also of $\mathfrak{D}_0^+$, are given by

$$\eta_i = \exp \gamma_i. \tag{72}$$

In next section we shall indicate how they can be calculated.

We shall now first show how the diagonal form of $\frac{1}{2}(1 + \boldsymbol{U})\boldsymbol{V}_{\mathfrak{T},2n}$ is related to the γ_i. It can be shown that there exists an operator $\boldsymbol{M}(\mathfrak{R})$, which induces the just mentioned rotation $\mathfrak{R}$, while $(\boldsymbol{M}(\mathfrak{R}))^{-1}$ induces $\mathfrak{R}^{-1}$, and therefore has the property that

$$\overline{\boldsymbol{V}_0^+} = \boldsymbol{M}(\mathfrak{R}) \cdot \boldsymbol{V}_0^+ \cdot (\boldsymbol{M}(\mathfrak{R}))^{-1}. \tag{73}$$

induces the rotation $\overline{\mathfrak{D}_0^+}$. This follows from the fact that each proper rotation can be obtained by an appropriate succession of two-dimensional proper rotations, each involving only two coordinates, while for an improper rotation just one additional reflection, relative to, say x_1, is needed [10]). Actually, a rotation through the angle ϑ, involving x_k and x_l only, is caused by transformation of $\Sigma_{i=1}^{4n} x_i \boldsymbol{\Gamma}_i$ with $\exp(\frac{1}{2}\vartheta \boldsymbol{\Gamma}_k \boldsymbol{\Gamma}_l)$ and the reflection relative to x_1 by transformation with $\boldsymbol{\Gamma}_2\boldsymbol{\Gamma}_3 \ldots \boldsymbol{\Gamma}_{4n}$.

But the identical rotation $\overline{\mathfrak{D}_0^+}$ is induced also by

$$\overline{\overline{\boldsymbol{V}_0^+}} = \exp\left(\frac{1}{2}\vartheta_1 \boldsymbol{\Gamma}_1\boldsymbol{\Gamma}_2\right) \cdot \exp\left(\frac{1}{2}\vartheta_2 \boldsymbol{\Gamma}_3\boldsymbol{\Gamma}_4\right) \cdot \ldots \cdot \exp\left(\frac{1}{2}\vartheta_{2n} \boldsymbol{\Gamma}_{4n-1}\boldsymbol{\Gamma}_{4n}\right) =$$
$$= \exp\left[\frac{1}{2}(\gamma_1 \boldsymbol{c}_1 + \gamma_2 \boldsymbol{c}_2 + \ldots + \gamma_{2n}\boldsymbol{c}_{2n})\right], \tag{74}$$

i.e. $\overline{\boldsymbol{V}_0^+}\left(\Sigma_{i=1}^{4n} x_i \boldsymbol{\Gamma}_i\right)(\overline{\boldsymbol{V}_0^+})^{-1} = \overline{\overline{\boldsymbol{V}_0^+}}\left(\Sigma_{i=1}^{4n} x_i \boldsymbol{\Gamma}_i\right)(\overline{\overline{\boldsymbol{V}_0^+}})^{-1}$

for all sets of $x_1, x_2, \ldots, x_{4n}$ and thus

$$(\overline{\overline{\boldsymbol{V}_0^+}})^{-1}\, \overline{\boldsymbol{V}_0^+}\, \Sigma_{i=1}^{4n} x_i \boldsymbol{\Gamma}_i = \left(\Sigma_{i=1}^{4n} x_i \boldsymbol{\Gamma}_i\right)(\overline{\overline{\boldsymbol{V}_0^+}})^{-1}\, \overline{\boldsymbol{V}_0^+}.$$

Now, it can be shown from (5), (10) and (60), that each 2^{2n}-dimensional matrix can be written as a sum of products of $\boldsymbol{\Gamma}_1, \boldsymbol{\Gamma}_2, \ldots, \boldsymbol{\Gamma}_{4n}$. Consequently $(\overline{\overline{\boldsymbol{V}_0^+}})^{-1} \cdot \overline{\boldsymbol{V}_0^+}$ commutes with all 2^{2n}-dimensional matrices and is therefore a multiple of the 2^{2n}-dimensional unit-matrix, so that:

$$\overline{\boldsymbol{V}_0^+} = \varrho\, \overline{\overline{\boldsymbol{V}_0^+}}, \tag{75}$$

where ϱ is a scalar. We conclude that

$$\varrho^{2^{2n}} = 1 \tag{76}$$

from the fact that both $\overline{\boldsymbol{V}_0^+}$ and $\overline{\overline{\boldsymbol{V}_0^+}}$ are unimodular, because all their factors are so. The latter can be recognized on writing the factors

$$\exp(-iK_j\Gamma_{2k-1}\Gamma_{2k}), \exp(-iK_j\Gamma_{2k}\Gamma_{2k+1}) \text{ and } \exp(+iK_j\Gamma_{4n}\Gamma_1)$$

in the forms

$$\exp(K_j c_k), \exp(K_j s_k s_{k+1}) \text{ and } \exp(-K_j c_1 c_2 .. c_{2n} s_{2n} s_1),$$

diagonalizing afterwards the first and the last form respectively, by transformation with

$$2^{-\frac{1}{2}}(s_k + c_k) \text{ and } 2^{-n}(s_1 + ic_1 s_1)(s_{2n} + ic_{2n} s_{2n}) \Pi_{r=2}^{2n-1}(s_r + c_r),$$

into $\exp(K_j s_k)$ and $\exp(K_j s_1 s_2..s_{2n})$. Indeed, the diagonal matrices $\exp(K_j s_k)$, $\exp(K_j s_k s_{k=1})$ and $\exp(K_j s_1 s_2 .. s_{2n})$ are unimodular, because half of their diagonal elements are the reciprocal of the others.

Thus, we see from (65), (73), (74) and (75) that

$$M(\Re) \cdot \tfrac{1}{2}(1 + U)V_{\mathfrak{T},2n} \cdot (M(\Re))^{-1} =$$
$$= M(\Re) \cdot \tfrac{1}{2}(1 + U) \cdot (M(\Re))^{-1} \cdot (2\text{Sh } 2K_3)^n \varrho \, \exp(\tfrac{1}{2}\Sigma_{j=1}^{2n} \gamma_j c_j). \quad (77)$$

As to the transformation of $1 + U$ we remark that $1 + U$ will be invariant with respect to transformation by each factor $\exp(\tfrac{1}{2}\vartheta \Gamma_k \Gamma_l)$ of $M(\Re)$, because

$$\exp(\tfrac{1}{2}\vartheta \, \Gamma_k \Gamma_l) \cdot \Gamma_1 \Gamma_2 .. \Gamma_{4n} \cdot \exp(-\tfrac{1}{2}\vartheta \, \Gamma_k \Gamma_l) = \Gamma_1 \Gamma_2 .. \Gamma_{4n}, \quad (78)$$

and that $1 + U$ is changed into $1 - U$ by transformation with a factor $\Gamma_2 \Gamma_3 .. \Gamma_{4n}$, occurring in $M(\Re)$ if $\Re$ is an improper rotation, because

$$(\Gamma_2 \Gamma_3 .. \Gamma_{4n}) \cdot \Gamma_1 \Gamma_2 .. \Gamma_{4n} \cdot (\Gamma_2 \Gamma_3 .. \Gamma_{2n})^{-1} = -\Gamma_1 \Gamma_2 .. \Gamma_{4n}. \quad (79)$$

Consequently we conclude from (61), (77), (78) and (79) that

$$M(\Re) \cdot \tfrac{1}{2}(1 + U)V_{\mathfrak{T},2n} \cdot (M(\Re))^{-1} =$$
$$= \tfrac{1}{2}(1 \pm U)(2 \text{ Sh } 2K_3)^n \varrho \, \exp(\tfrac{1}{2}\Sigma_{j=1}^{2n} \gamma_j c_j) =$$
$$= \tfrac{1}{2}(1 \pm c_1 c_2 .. c_{2n})(2 \text{ Sh } 2K_3)^n \varrho \, \exp(\tfrac{1}{2}\Sigma_{j=1}^{2n} \gamma_j c_j) \quad (80)$$

with $+$ or $-$ according to whether $\Re$ is a proper rotation or not.

By an additional transformation with $T = T^{-1} = 2^{-n} \Pi_{i=1}^{2n}(s_j + c_j)$ each c_i will be changed into the corresponding s_i so that

$$T \cdot M(\Re) \cdot \tfrac{1}{2}(1 + U)V_{\mathfrak{T},2n} \cdot (M(\Re))^{-1} \cdot T^{-1} =$$
$$= \tfrac{1}{2}(1 \pm s_1 s_2 .. s_{2n})(2 \text{ Sh } 2K_2)^n \varrho \, \exp(\tfrac{1}{2}\Sigma_{j=1}^{2n} \gamma_j s_j), \quad (81)$$

the last form being a diagonal matrix, in which the $+$ or $-$ sign must be used according to whether $\mathfrak{R}$ is a proper rotation or not, and in which ϱ, with modulus 1, must be chosen so, that the largest eigen-value is real and positive.

11. *Computation of $\lambda_{\mathfrak{T}}$ and of $\lambda_{\mathfrak{H}}$.* Since $\lambda_{\mathfrak{T},2n}$ is real and positive, it must be equal to the modulus of the largest eigenvalue of

$$\tfrac{1}{2}(1 + s_1 s_2 \ldots s_{2n}) (2 \operatorname{Sh} 2K_3)^n \exp (\tfrac{1}{2} \Sigma_{j=1}^{2n} \gamma_j s_j)$$

or of $\quad \tfrac{1}{2}(1 - s_1 s_2 \ldots s_{2n}) (2 \operatorname{Sh} 2K_3)^n \exp (\tfrac{1}{2} \Sigma_{j=1}^{2n} \gamma_j s_j),$

depending on whether $\mathfrak{R}$ is a proper rotation or not. Since no γ_j has a negative real part, it is easily seen that this largest eigenvalue will be

$$(2 \operatorname{Sh} 2K_3)^n \exp (\tfrac{1}{2} \Sigma_{j=1}^{2n} \gamma_j) \tag{82}$$

in the first and $\quad (2 \operatorname{Sh} 2K_3)^n \exp (\tfrac{1}{2} \Sigma_{j=1}^{2n} \gamma_j - \gamma') \tag{83}$

in the second case, γ' being the γ_j with smallest real part. In the calculation of $\lambda_{\mathfrak{T}} = \operatorname{Lim}_{n \to \infty} \lambda_{\mathfrak{T},2n}^{1/2n}$ both formulae lead to the same limit and we can write

$$\ln \lambda_{\mathfrak{T}} = \operatorname{Re}[\operatorname{Lim}_{n \to \infty} (1/4n) \Sigma_{j=1}^{2n} \gamma_j + \tfrac{1}{2} \ln (2 \operatorname{Sh} 2K_3)]. \tag{84}$$

Here we need not consider further the form of $\mathfrak{R}$ or whether it is a proper rotation or not. We have only used the fact that such a rotation, with property (71), and consequently the matrix $\boldsymbol{M}(\mathfrak{R})$, exists. Using the identity

$$\gamma_j = (1/2\pi) \int_0^{2\pi} \ln (2 \operatorname{Ch} \gamma_j - 2 \cos \omega) \, d\omega, \tag{85}$$

valid for $\operatorname{Re}[\gamma_j] \geq 0$, which is the case here, we conclude

$$\ln \lambda_{\mathfrak{T}} = \operatorname{Re}[\tfrac{1}{2} \ln (2 \operatorname{Sh} 2K_3) +$$
$$+ \operatorname{Lim}_{n \to \infty} (1/8\pi n) \Sigma_{j=1}^{2n} \int_0^{2\pi} \ln \{(\eta_j + 1/\eta_j) - 2 \cos \omega\} \, d\omega], \tag{86}$$

with η_j, defined by (72), involving half of the eigenvalues of $\mathfrak{D}_0^+$.

We shall show now how the eigenvalues, η_j, $1/\eta_j$, of $\mathfrak{D}_0^+$ can be calculated. If, in the formula (68) for $\mathfrak{D}_0^+$, a, b and c were scalars, $\mathfrak{D}_0^+$ being an n-dimensional matrix, its n eigenvectors v_r would have the form

$$(v_r)_k = \varepsilon^{k(2r-1)} \quad (k = 1, 2, \ldots, n),$$

with $\quad \varepsilon = \exp (i\pi/n), \tag{87}$

and the corresponding eigenvalues would be:
$$\eta_r = a + \varepsilon^{2r-1} b + \varepsilon^{-(2r-1)} c.$$

By a slight generalization we find that for a, b and c being 4-dimensional matrices, $\mathfrak{D}_0^+$ can be reduced to a form in which n 4-dimensional matrices,
$$d_r = a + b\,\varepsilon^{2r-1} + c\,\varepsilon^{-(2r-1)} \qquad (r=1, 2, \ldots, n), \qquad (88)$$
are placed along the diagonal. Using (69) we find that the eigenvalues of d_r are the roots of the fourth degree equation:
$$\eta^4 - (A_r + iA_r')\,\eta^3 + B_r\eta^2 - (A_r - iA_r')\,\eta + 1 = 0, \qquad (89)$$
with
$$A_r = 4C_1C_2C_3^* + 2S_1S_2(1+C_3^{*2}) + (S_1^2+S_2^2)\,S_3^{*2}\cos[(2r-1)\pi/n],$$
$$A_r' = (S_1^2 - S_2^2)\,S_3^{*2}\sin[(2r-1)\pi/n], \qquad (90)$$
$$B_r = 2C_3^{*2} + 2(C_1^2C_2^2 + S_1^2S_2^2)(1+C_3^{*2}) +$$
$$\quad + 8S_1S_2C_1C_2C_3^* - 4S_1S_2S_3^{*2}\cos[(2r-1)\pi/n]$$

(Abbreviations: see (67)). The fact, that equation (89) has, in general, four different roots, shows that d_r and therefore $\mathfrak{D}_0^+$ can be diagonalized as was stated in section 10.

Fortunately, the computation of $\lambda_{\mathfrak{X}}$ does not involve the explicit solution of (89). To see this, we consider the n reciprocal eighth degree equations
$$\eta^8 - 2A_r\eta^7 + (A_r^2 + A_r'^2 + 2B_r)\eta^6 - 2A_r(1+B_r)\eta^5 +$$
$$\quad + (2 + 2A_r^2 - 2A_r'^2 + B_r^2)\eta^4 - 2A_r(1+B_r)\eta^3 +$$
$$\quad + (A_r^2 + A_r'^2 + 2B_r)\eta^2 - 2A_r\eta + 1 = 0, \qquad (91)$$
which we obtain by multiplying each fourth degree equation (89), for which $r = r_1$, with that for which $r = r_2 = n + 1 - r_1$. We see then that the $8n$ roots,
$$\eta_{r,1},\ 1/\eta_{r,1},\ \eta_{r,2},\ 1/\eta_{r,2},\ \eta_{r,3},\ 1/\eta_{r,3},\ \eta_{r,4},\ 1/\eta_{r,4},\quad (r = 1, 2, \ldots, n),$$
of these n eighth degree equations involve twice all the eigenvalues of $\mathfrak{D}_0^+$ and that
$$\ln \lambda_{\mathfrak{X}} = \operatorname{Re}[\tfrac{1}{2}\ln(2\operatorname{Sh} 2K_3) +$$
$$+ \operatorname{Lim}_{n\to\infty}(1/16\pi n)\,\Sigma_{r=1}^n \int_0^{2\pi} \Sigma_{j=1}^4 \ln\{(\eta_{r,j} + 1/\eta_{r,j}) - 2\cos\omega\}\,d\omega]. \quad (92)$$

We now replace the sum under the integral sign by a single logarithm; use the relations between the symmetrical functions of an eighth degree equation and its coefficients; continue to the limit $n \to \infty$ by changing the summation over r into an integral over $\omega' = (2r - 1)\pi/n$ and bring the first term under the double integral also. Using the relations (9) we get then a double integral of a logarithm of a form f, which can be factorized into $f = f_1 f_2$ so that

$$\ln (\lambda_{\mathfrak{X}}/2) = \frac{1}{32\pi^2} [\int_0^{2\pi} \int_0^{2\pi} \ln f_1 \, d\omega \, d\omega' + \int_0^{2\pi} \int_0^{2\pi} \ln f_2 \, d\omega \, d\omega'], \quad (93)$$

with

$$f_1, f_2 = (C_1 C_2 C_3 + S_1 S_2 S_3 - S_3 \cos \omega)^2 - \tfrac{1}{2}\{S_1^2 + S_2^2 + 2 S_1 S_2 (\cos \omega + \cos \omega') +$$
$$+ (S_1^2 + S_2^2) \cos \omega \cos \omega' \pm (S_1^2 - S_2^2) \sin \omega \sin \omega'\}, \quad (94)$$

the $+$ sign referring to f_1 and the $-$ sign to f_2. The two double integrals in (93) are equal. After substituting $\omega = \omega_1 + \omega_2$ and $\omega' = \omega_1 - \omega_2$, we see easily that f_1 can be factorized again, and we obtain finally:

$$\ln (\lambda_{\mathfrak{X}}/2) = \frac{1}{8\pi^2} \int_0^{2\pi} \int_0^{2\pi} \ln \{Ch2K_1 Ch2K_2 Ch2K_3 + Sh2K_1 Sh2K_2 Sh2K_3 -$$
$$- Sh2K_1 \cos \omega_1 - Sh2K_2 \cos \omega_2 - Sh2K_3 \cos (\omega_1 + \omega_2)\} d\omega_1 \, d\omega_2. \quad (95)$$

From (95) and the dual relation, (20), we derive for the partition per atom, $\lambda_{\mathfrak{H}}$, of a two way infinite honeycomb lattice:

$$\ln (\lambda_{\mathfrak{H}}/2) = \frac{1}{16\pi^2} \int_0^{2\pi} \int_0^{2\pi} \ln \tfrac{1}{2}\{Ch2K_1 Ch2K_2 Ch2K_3 + 1 - Sh2K_2 Sh2K_3 \cos \omega_1 -$$
$$- Sh2K_3 Sh2K_1 \cos \omega_2 - Sh2K_1 Sh2K_2 \cos (\omega_1 + \omega_2)\} d\omega_1 \, d\omega_2. \quad (96)$$

From formulae (95) and (96) the symmetry of $\lambda_{\mathfrak{X}}$ and $\lambda_{\mathfrak{H}}$ with respect to K_1, K_2 and K_3 is easily verified. In accordance with the third and sixth of the relations (49) and our remark at the end of section 6, we conclude from (95) and (96), that for all real values of K_1, K_2 and K_3

$$\tfrac{1}{4} \lambda_{\mathfrak{X}}^2/(Ch2K_1 \, Ch2K_2 \, Ch2K_3 + Sh2K_1 \, Sh2K_2 \, Sh2K_3) =$$
$$= \xi (y_1, y_2, y_3), \quad (97)$$
$$\tfrac{1}{8} \lambda_{\mathfrak{H}}^4/(Ch2K_1 \, Ch2K_2 \, Ch2K_3 + 1) = \xi(z_1, z_2, z_3), \quad (98)$$

where y_i and z_i are defined by (39) and (48). So we find for ξ the expression:

$$\ln \xi(x_1, x_2, x_3) =$$
$$= \frac{1}{4\pi^2} \int_0^{2\pi} \int_0^{2\pi} \ln\{1 - 2x_1 \cos\omega_1 - 2x_2 \cos\omega_2 - 2x_3 \cos(\omega_1 + \omega_2)\} d\omega_1 d\omega_2. \quad (99)$$

This double integral is convergent for all real values of K_1, K_2 and K_3, if we read y_i or z_i for x_i. We recognize that the power series, (54), which can be deduced from this expression, is also convergent for all real values of K_1, K_2 and K_3, and this remains true if we replace in it y_i by z_i.

Onsager's result for the partition function per atom, $\lambda_{\mathfrak{R}}$, of an infinite rectangular lattice,

$$\ln (\lambda_{\mathfrak{R}}/2) = \frac{1}{8\pi^2} \int_0^{2\pi} \int_0^{2\pi} \ln (\operatorname{Ch} 2K_1 \operatorname{Ch} 2K_2 - \operatorname{Sh} 2K_1 \cos\omega_1 -$$
$$- \operatorname{Sh} 2K_2 \cos\omega_2) \, d\omega_1 \, d\omega_2, \quad (100)$$

can be obtained both from the expression (95), by using

$$\lambda_{\mathfrak{R}}(K_1, K_2) = \lambda_{\mathfrak{T}}(K_1, K_2, 0),$$

and from the expression (96), by using

$$\lambda_{\mathfrak{R}}(K_1, K_2) = \operatorname{Lim}_{J_3 \to \infty} (\lambda_{\mathfrak{H}}(K_1, K_2, K_3))^2 \exp(-K_3).$$

The reason for the former is trivial; the latter can be understood by observing that, if the interaction J_3 is very large, the spin variables of each pair of atoms between which the interaction J_3 takes place, will always have equal values, i.e. such a pair behaves as one atom with constant inner energy $-J_3$.

For the computation of the partition functions of finite hexagonal lattices it is necessary to know all eigenvalues of $V_{\mathfrak{T}, 2n, m}$ and $V_{\mathfrak{H}, 2n, 2m}$. The eigenvalues belonging to even eigenvectors can be found from the explicit solution of the fourth degree equations (89), if we know whether $\mathfrak{R}$ in formula (71) is a proper rotation or not. Those belonging to odd eigenvectors can be found in an analogous way starting from V_0^- (see (66)). The exact forms of the rotation $\mathfrak{R}$ related to V_0^+, and of the corresponding rotation related to V_0^-, are needed moreover if we wish to calculate the average correlation between the spin variables of two non-neighbouring sites in the lattice according to the method of Kaufman and Onsager [11]. However, we shall not enter here into these topics.

12. *Transition temperature*. The partition functions $\lambda_{\mathfrak{T}}$ and $\lambda_{\mathfrak{H}}$ depend on the temperature from the relations $K_1 = J_1/kT$, $K_2 = J_2/kT$ and $K_3 = J_3/kT$ only. The interaction energies, J_1, J_2 and J_3, are constants belonging to the lattice. In the expressions (95) and (96) for $\lambda_{\mathfrak{T}}$ and $\lambda_{\mathfrak{H}}$ the argument of the logarithm under the double integral sign,

$$\text{Ch } 2K_1 \text{ Ch } 2K_2 \text{ Ch } 2K_3 + \text{Sh } 2K_1 \text{ Sh } 2K_2 \text{ Sh } 2K_3 -$$
$$- \text{Sh } 2K_1 \cos \omega_1 - \text{Sh } 2K_2 \cos \omega_2 - \text{Sh } 2K_3 \cos (\omega_1 + \omega_2) \quad (101)$$

and

$$\tfrac{1}{2} \{ \text{Ch } 2K_1 \text{ Ch } 2K_2 \text{ Ch } 2K_3 + 1 - \text{Sh } 2K_2 \text{ Sh } 2K_3 \cos \omega_1 -$$
$$- \text{Sh } 2K_3 \text{ Sh } 2K_1 \cos \omega_2 - \text{Sh } 2K_1 \text{ Sh } 2K_2 \cos (\omega_1 + \omega_2) \} \quad (102)$$

respectively, cannot be negative for real K_1, K_2 and K_3. $\lambda_{\mathfrak{T}}$, $\lambda_{\mathfrak{H}}$ and all their higher derivatives with respect to the variables K_j are continuous, except for those sets of values of K_1, K_2 and K_3 which, for appropriate values of ω_1 and ω_2, cause (101) or (102) respectively, to vanish. For these sets the second derivatives will diverge. So we find that at a temperature, T_c, at which $K_1 = J_1/kT_c$, $K_2 = J_2/kT_c$ and $K_3 = J_3/kT_c$ form such an exceptional set of values, the specific heat per atom,

$$C = k \, \Sigma_{i,j=1,2,3} \, K_i K_j \, \partial^2 \ln \lambda / \partial K_i \partial K_j \quad (\lambda = \lambda_{\mathfrak{T}} \text{ or } \lambda_{\mathfrak{H}}),$$

becomes infinite as $-\ln |T - T_c|$ (as in the case of the rectangular lattice). For given J_1, J_2 and J_3 not more than one such T_c can appear. On the analogy of the rectangular lattice we assume that this T_c is a transition temperature between two phases. At $T < T_c$ the interactions between the spins of neighbouring atoms would maintain a long-distance order, while at $T > T_c$ only a short-range order would obtain.

While every honeycomb lattice has a transition temperature, it turns out that there are exceptional triangular lattices for which no transition temperature exists. These are the lattices for which one or all three interactions J_j are negative, while all three interactions, or at least the two weakest, are equal in strength. As to the calculation of T_c in all other cases, we notice that $\lambda_{\mathfrak{T}}$ is invariant with respect to the simultaneous reversal of the signs of two interaction energies J_j and that we can reduce all triangular lattices, b $\wedge$

such an operation, to one in which the two strongest interactions are positive, i.e. $J_1 + J_2 > 0$, $J_2 + J_3 > 0$ and $J_3 + J_1 > 0$. In the latter case T_c will be found from

$$\text{Sh}\,(2J_1/kT_c)\,\text{Sh}\,(2J_2/kT_c) + \text{Sh}\,(2J_2/kT_c)\,\text{Sh}\,(2J_3/kT_c) +$$
$$+ \text{Sh}\,(2J_3/kT_c)\,\text{Sh}\,(2J_1/kT_c) = 1. \quad (103)$$

In fig. 4a we have illustrated in a triangular diagram the dependence of $kT_c/(J_1 + J_2 + J_3)$ on the ratios of J_1, J_2 and J_3 if the two strongest of these interactions are positive. In this case $-(J_1+J_2+J_3)$ is the energy per atom in the completely ordered state at $T = 0$. We see that T_c vanishes on the external bisectors of the basic triangle, representing thus the cases in which no transition temperature appears. The special case $J_1 = J_2 = J_3 < 0$ is represented, after reduction as mentioned above, by the intersections of the external bisectors.

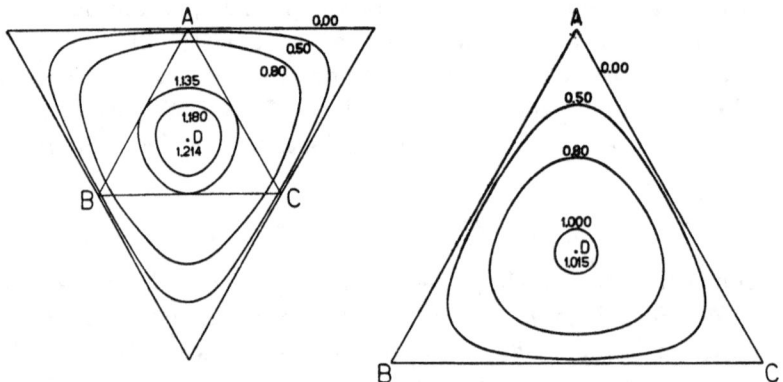

Fig. 4a. Triangular lattice. Curves of constant $kT_c/(J_1 + J_2 + J_3)$ for $J_1 + J_2 > 0$, $J_2 + J_3 > 0$ and $J_3 + J_1 > 0$, calculated from formula (103).

Fig. 4b. Honeycomb lattice. Curves of constant $kT_c/\frac{1}{2}(J_1 + J_2 + J_3)$ for $J_1 > 0$, $J_2 > 0$ and $J_3 > 0$, calculated from formula (104).

J_1, J_2 and J_3 are plotted as triangle coordinates with ABC as basic triangle and centre D.

The appearance of a transition temperature for $|J_1| \neq |J_2| \neq |J_3|$ can be understood in the following way. The two strongest interactions will, at low temperatures, build up a long-distance order, analogous to that of a rectangular lattice, while the third, if it counteracts, will only lower the transition temperature. One can also understand why there are cases, as previously mentioned, in which no transition temperature exists. This is because in these cases the tendency of the strongest interaction to build up a long-distance order, together with one of the two weakest, will be counter-balanced by the tendency to build up another long-distance order with the second of them.

Unlike the triangular lattice, every honeycomb lattice with non zero values of J_1, J_2 and J_3 has a transition temperature, T_c. This T_c can be found from the relation

$$\text{Sh}(2|J_1|/kT_c) + \text{Sh}(2|J_2|/kT_c) + \text{Sh}(2|J_3|/kT_c) =$$
$$= \text{Sh}(2|J_1|/kT_c)\,\text{Sh}(2|J_2|/kT_c)\,\text{Sh}(2|J_3|/kT_c). \quad (104)$$

By inspection of the honeycomb lattice one can see that its three interactions cannot counteract each other in building up a long-distance order. In Fig. 4b we have illustrated, also in a triangular diagram, the dependence of $kT_c/\frac{1}{2}(|J_1| + |J_2| + |J_3|)$ on the ratios of $|J_1|$, $|J_2|$ and $|J_3|$ for a honeycomb lattice. $-\frac{1}{2}(|J_1| + |J_2| + |J_3|)$ is the energy per atom of the completely ordered state at $T = 0$.

13. *Thermodynamic properties of large isotropic triangular and honeycomb lattices.* The partition functions $\lambda_{\mathfrak{T}}$ and $\lambda_{\mathfrak{H}}$ yield the free energy, F, the energy, E, the specific heat, C, and the entropy, S, per atom of large triangular and honeycomb lattices by the formulae

$$F = E - TS = -kT \ln \lambda,$$
$$E = F - T\,dF/dT = -\Sigma_{j=1,2,3} J_j\, \partial \ln \lambda/\partial K_j, \quad (105)$$
$$C = k\, \Sigma_{i,j=1,2,3} K_i K_j\, \partial^2 \ln \lambda/\partial K_i \partial K_j,$$
$$(\lambda = \lambda_{\mathfrak{T}} \text{ or } \lambda_{\mathfrak{H}}).$$

We shall now consider more closely the isotropic triangular and honeycomb lattices, i.e. those with equal interaction J in the three different directions $J = J_1 = J_2 = J_3$. An isotropic honeycomb lattice has always a transition temperature, T_c, which depends only on the strength $|J|$ of the interaction by

$$\text{Ch}(2J/kT_c) = 2. \quad (106)$$

An isotropic triangular lattice, on the other hand, has only a transi-

tion temperature if J is positive. This transition temperature, T_c, is then given by
$$\exp(4J/kT_c) = 3, \qquad (107)$$
as W a n n i e r [7]) found already.

For the energy and the specific heat of isotropic triangular and honeycomb lattices with positive or negative interaction energy, we find with the aid of (95), (96) and (105) formulae similar to those O n s a g e r found for the quadratic lattice (see O n s a g e r [2]) formulae (116) and (117)):

$$E = -J[\text{Coth } 2K + a\varepsilon_1(\beta)], \qquad (K = J/kT) \qquad (108)$$

$$C = kK^2\left[-2/(\text{Sh } 2K)^2 + \left(\frac{da}{dK} - \frac{a}{2\beta}\frac{d\beta}{dK}\right)\varepsilon_1(\beta) + \frac{a}{2\beta(1-\beta)}\frac{d\beta}{dK}\varepsilon_2(\beta)\right]. \qquad (109)$$

Here we denote by $\varepsilon_1(\beta)$ and $\varepsilon_2(\beta)$ the complete elliptic integrals of the first and second kind,

$$\varepsilon_1(\beta) = \int_0^{2\pi} 1/\sqrt{1-\beta(\sin\varphi)^2}\,d\varphi, \qquad \varepsilon_2(\beta) = \int_0^{2\pi} \sqrt{1-\beta(\sin\varphi)^2}\,d\varphi.$$

Table I shows the form of the functions $a(K)$ and $\beta(K)$ for the isotropic triangular and honeycomb lattices, and, for comparison, also for the quadratic lattice. We notice the appearance of the functions $F_{\mathfrak{T}}(K) = F_{\mathfrak{T}}(K, K, K)$ and $G_{\mathfrak{H}}(K) = G_{\mathfrak{H}}(K, K, K)$ from formulae (25) to (28), which are related to the invariance properties discussed in section 6.

TABLE I

Lattice type	Temperature ($x = \exp(2K)$)	a	β	
Honeycomb	$T < T_c$ ($x^2 - 4x + 1 > 0$)	$\dfrac{(x^4 - 1)(x^2 - 4x + 1)}{\pi\|x^2 - 1\|(x-1)^4}$	$\dfrac{1}{G_{\mathfrak{H}}(K)} =$	$\dfrac{16(x^5 - x^4 + x^3)}{(x^2 - 1)^2(x-1)^4}$
	$T > T_c$ ($x^2 - 4x + 1 < 0$)	$\dfrac{(x^4 - 1)(x^2 - 4x + 1)}{4\pi(x-1)^2\sqrt{x^5 - x^4 + x^3}}$		$G_{\mathfrak{H}}(K)$
Quadratic		$\dfrac{2(x^4 - 6x^2 + 1)}{\pi(x^4 - 1)}$	$\dfrac{16(x^2 - 1)^2 x^2}{(x^2 + 1)^4}$	
Triangular $J > 0$	$T < T_c$ ($x^2 - 3 > 0$)	$\dfrac{4x^2(x^2 - 3)(x^2 + 1)}{\pi\sqrt{(x^2 - 1)^5(x^2 + 3)}}$	$\dfrac{1}{F_{\mathfrak{T}}(K)} =$	$\dfrac{16x^2}{(x^2 - 1)^3(x^2 + 3)}$
	$T > T_c$ ($x^2 - 3 < 0$)	$\dfrac{x(x^2 - 3)(x^2 + 1)}{\pi(x^2 - 1)}$		$F_{\mathfrak{T}}(K)$
Triangular $J < 0$		$\dfrac{4x^2(3 - x^2)}{\pi(1 - x)^2\sqrt{(1 + x^2)(3 - x^2)}}$	$\dfrac{(1 - x^2)^3(3 + x^2)}{(1 + x^2)^3(3 - x^2)}$	

For the first three types of lattices in table I, β equals 1 at the transition temperature, and $\varepsilon_1(\beta)$ becomes, for this value of β, infinite as $\frac{1}{2}\ln\{16/(1-\beta)\}$. However the factor a, which becomes zero at T_c, causes the term $a\varepsilon_1(\beta)$ in the formula for the energy, (108), to vanish. The term $(da/dK)\varepsilon_1(\beta)$ in formula (109) causes the specific heat to become infinite as $-\ln|T-T_c|$. For the triangular lattice with negative interaction, β becomes 1 and $\varepsilon_1(\beta)$ infinite at $T=0$. Nevertheless the factors with which it appears multiplied in the formulae (108) and (109), reduce the respective terms to zero.

In table II we have given several numerical data of thermodynamic properties of the different isotropic lattices at extremely low temperatures and at the transition temperature.

TABLE II

Lattice type	c	$\dfrac{-E_{T=0}}{\frac{1}{2}c\|J\|}$	$C'(T \approx 0)$	$\dfrac{kT_c}{\frac{1}{2}c\|J\|}$	$\dfrac{E(T_c)}{\frac{1}{2}c\|J\|}$	$\dfrac{F(T_c)}{kT_c}$	$e^{S(T_c)/k}$	C_c
Honeycomb	3	1	1	1.012	0.7698	1.0251	1.303	0.4781
Quadratic	4	1	1	1.135	0.7071	0.9297	1.359	0.4945
Triangular $J>0$	6	1	1	1.214	0.6667	0.8796	1.391	0.4991
Triangular $J<0$	6	$\frac{1}{3}$	$\dfrac{2K}{3\pi\sqrt{3}}e^{-8K}$	0				

c = correlation number; i.e. number of atoms with which each atom interacts.

$C' = \dfrac{C}{4c^2kK^2\exp(-2c|K|)}$; $C_c = \lim_{T\to T_c}\left[-\dfrac{C(T)}{k\ln|T-T_c|}\right]$.

All data for the hexagonal lattices in table II can be found from the formulae (95), (96) and (105) by elementary calculation, except the free energy and the entropy at T_c, the computation of which involves the numerical calculation of the integral

$$\ln \xi(\tfrac{1}{6},\tfrac{1}{6},\tfrac{1}{6}) =$$
$$= \frac{1}{4\pi^2}\int_0^{2\pi}\int_0^{2\pi} \ln[1-\tfrac{1}{3}\{\cos\omega_1 + \cos\omega_2 + \cos(\omega_1+\omega_2)\}]\,d\omega_1\,d\omega_2 = -0.17642.$$

From table II we see that the first three kinds of lattices herein are very similar. For example $-E(T_c)/(\frac{1}{2}c|J|)$, which can be considered as a measure of the mean short range order at T_c, appears to decrease uniformly, but slowly, with increasing correlation number c.

The behaviour of the triangular lattice with $J<0$ is quite different. It has no transition temperature and its specific heat vanishes both at very high and at very low temperatures and has a maximum in between, as in the case of the linear Ising chain [12]).

It is well known that a lattice with negative Ising interaction has the same partition function as a grand ensemble of a binary solid mixture of the same lattice type with equal concentrations of the components. If $e_{i,k}$ is the interaction energy in the solid mixture for each pair of neighbouring atoms, one of kind i and the other of kind $k(i, k = 1, 2)$, the corresponding interaction J in the Ising lattice will be

$$J = \tfrac{1}{2} [e_{1,2} - \tfrac{1}{2}(e_{1,1} + e_{2,2})].$$

If such a solid mixture crystallizes in a triangular lattice and J is negative, it has, of course, a tendency to order its atoms, i.e. to form a super-lattice. It is easily seen that the maximum of order is obtained if, for example, the atoms of one kind occupy all positions on the odd columns and the atoms of the other kind the positions on the even columns in fig. 1. Such a configuration has the energy per atom J, which is, indeed, equal to the energy at zero temperature (compare table II). Yet we conclude that this tendency to order does not lead to a transition temperature and that at no temperature a long distance order will be established.

14. *Acknowledgments.* I wish to express my thanks to Prof. Dr. H. A. Kramers and to Dr. J. Korringa for their stimulating interest and their constant advice, to Mr. T. A. Springer and Mr. J. H. v. d. Merwe for their kind help with some of the calculations and to Mrs. B. Daniels-Hunt for her assistance with the translation into English. I am very grateful to the Lorentz Foundation, which enabled me, by a grant, to continue my study of the problem discussed in this article.

REFERENCES

1) H. A. Kramers and G. H. Wannier, Phys. Rev. **60** (1941) 252–262.
2) L. Onsager, Phys. Rev. **65** (1944) 117–149.
3) B. Kaufman, Phys. Rev. **76** (1949) 1232–1243.
4) The main results contained in this article have been announced in my letter to the editor, R. M. F. Houtappel, Physica, Den Haag **16** (1950) 391—392. Herein is also mentioned unpublished work on the same problem by Temperley and by Husimi and Syozi. As yet no further information about their methods and results has come to my attention.
5) S. B. Frobenius, Preuss. Akad. Wiss. (1909) 514–518.
6) See reference 2) p. 123.
7) G. H. Wannier, Rev. mod. Phys. **17** (1945) 50–60.
8) H. A. Kramers and G. H. Wannier, Phys. Rev. **60** (1941) 263–276.
9) For real rotations see for example: B. L. v. d. Waerden, Ergebn. Math. u. Grensgeb., Berlin (1935) Bnd **4** 165–169. The theorem can also be proved for complex rotations which can be diagonalized.
10) L. Kronecker., S. B. preusz. Akad. Wiss. (1890) 1063–1080.
11) B. Kaufman and L. Onsager, Phys. Rev. **76** (1949) 1244–1252.
12) E. Ising, Z. Phys. **21** (1925) 253–258.

GPSR Compliance

The European Union's (EU) General Product Safety Regulation (GPSR) is a set of rules that requires consumer products to be safe and our obligations to ensure this.

If you have any concerns about our products, you can contact us on

ProductSafety@springernature.com

In case Publisher is established outside the EU, the EU authorized representative is:

Springer Nature Customer Service Center GmbH
Europaplatz 3
69115 Heidelberg, Germany